20几岁，

要懂点心理学

连山 /编著

中国华侨出版社

北京

前言

PREFACE

心理学是一门探索心灵奥秘、揭示人类自身心理活动规律的科学，它的研究及应用范围涉及与人类相关的各个领域，如教育、医疗、军事、司法等，对人的生活有着深远的影响。对于个体而言，企业管理、工作学习、人际关系、恋爱婚姻等都需要了解人的心理，都离不开心理学。可以说，心理学与我们的生存乃至发展息息相关。

生存要懂心理学。随着心理学的逐步发展，人们逐渐认识到心理学的应用范围越来越广，对人类生活所起的作用越来越大。首先，人类的健康与心理学密切相关。随着经济的飞速发展，社会的不断进步，人们的物质生活越来越丰富，但随之而来的是人们精神层面的匮乏。人们所面临的心理问题越来越多，因心理问题厌世、自杀的比率日渐升高，人们的心理健康受到前所未有的挑战。此外，在医疗康复过程中，心理学也发挥着重要的引导和促进作用。

发展要懂心理学。中国古代兵法强调："用兵之道，攻心为上，攻城为下，心战为上，兵战为下。"若想在竞争激烈的社会中占有一席之地，除了必备的基本技能，掌握人的心理，也是成功的必备要素之一。掌握了心理学知识，就能更好地了解自己、读懂他人、认识社会，生活中的各种疑难问题也会迎刃而解；学好心理学，可以让自己在社交、爱情、职场、生活等诸多方面占尽优势，从容不迫。

心理学被确立为一门学科，还只是 100 多年以前的事情。但这门年轻的学科如今已枝繁叶茂，目前，心理学已经在许多领域形成了分支学科。面对体系如此庞大复杂的学科，想要系统地对其进行了解将是一项耗时耗力的浩大工程。为了让读者以最轻松、最高效、最简明的方式快速读懂心理学，我们推出了这本《20 几岁，要懂点心理学》。

全书将心理学知识与实际应用结合起来，内容全面，系统性强，语言精练，化繁复为简约，化晦涩为明了，化深奥为通俗，集科学性、知识性与实用性于一体，让你一本书读通心理学。

本书着眼于生活中的心理学，介绍了心理学在生活中方方面面的实际应用技巧，涉及教育心理学、人际关系心理学、职场心理学、自我管理心理学、性格心理学、行为心理学、投资心理学、婚姻心理学等方面。

阅读本书，可以帮助 20 几岁的年轻人轻松掌握心理学，系统而全面地了解和应用心理学的知识及技巧，轻松解决生活中出现的各种心理问题，从而拥有健康的身体、和谐的家庭、满意的工作、融洽的人际关系、完美的心态和幸福的生活，让你充满智慧，成就梦想，改变生活。

目录

序　章

什么是心理学

心理学是什么

说起"心理学",很多人会感觉神秘莫测。人们甚至会想起许多所谓奇异的东西来试图勾勒心理学的大概模样:魔术?意念控制?乾坤大挪移?黑洞……

心理学对许多人来说,的确是一门神秘奇异的学问,觉得看不见、摸不着,离自己的生活很遥远。实际上,这些都是人们的误解。心理和心理现象是所有人每时每刻都在体验着的,是人类生活和生存固有的。可以说,复杂的心理活动正是人区别于动物的一个本质。

"心理学"(Psychology)一词源于古希腊语,意即"灵魂之科学"。心理学的历史虽然最早可以追溯到古希腊时代,但心理学作为一个专门的术语出现却是在 1502 年。有一个塞尔维亚人叫马如利克,在这一年首次用"Psychologia"一词发表了一篇讲述大众心理的文章。此后过了 70 年,一位名为歌克的德国人出版了《人性的提高,这就是心理学》一书,这也是人类历史上最早记载的以"心理学"这一术语发表的书。

在希腊文中,"灵魂"也有呼吸的意思。古希腊人认为人的生命依靠呼吸,呼吸一旦停止,生命也就完结了。随着心理探索的发展,心理学的研究对象由灵魂改为心灵,心理学也就变成了心灵哲学。在中国,人们习惯认为思想和感情来源于"心",又把条理和规则叫作"理",所以用"心理"来总称心思、思想、感情，等等，而心理学则是关于心思、思想、感情等规律的学问，是研究人的心理活动及其发生、发展规律的科学。心理学与我们的生活密切相关，这是因为，人的任何活动都伴随着心理现象。通常说的感觉、知觉、记忆、思维、想象、情感、意志以及个性等都是心理现象，也称心理活动。

心理学是一门既古老又年轻的学科。人类探索自己的心理现象，已有 2000 多年的历史，所以说它古老。说它年轻，是因为心理学最初并不是一门独立的学科，而是包含在哲学中，直到 19 世纪 70 年代末，心理学才从哲学中分离出来，成为一门独立的专门研究心理现象的科学。尽管年轻，但科学的心理学有着巨大的生命力，它越来越广泛地渗透于人们生活的各个方面。

心理学是研究心理现象的科学。心理学研究心理现象，就是要揭示心理现象发生、发展的客观规律，用以指导人们的实践活动。

人们在工作、学习、生活中与周围事物相互作用，必然有这样或那样的主观活动和行为表现，这就是人的心理活动，或简称为心理。具体地说，外界事物或体内的变化作用于人的机体或感官，经过神经系统和大脑的信息加工，人就产生了对事物的感觉和知觉、记忆和表象，进而进行分析和思考。人在实践中同客观事物打交道时，总会对它们产生某种态度，形成各种情绪。人在生活实践中还要通过行动去处理和改变周围的事物，这就表现为

每个人都是业余心理学家

可以说我们每一个人都是一个业余心理学家。就算是小孩子，也已经会揣摩别人的心思了。

赶紧收拾起来！

妈妈，我想把我的芭比娃娃拿出来玩一下

妈妈生气的时候，孩子能从她的神情和语气上判断出来，而乖乖地停止胡闹。

一旦发现妈妈雨过天晴，孩子就又提出小要求了。

这药有点苦，他喝吗？

告诉他不喝就得去打针，这样他就乖乖喝了。

作为父母，则知道如何正确地实施奖惩以纠正孩子的不良行为，使孩子养成良好的习惯。

所有上述这些现象都是基于对他人心理的观察和推论。也就是说，每个正常的人都能对他人在日常生活中的感情、思维和行为进行一定程度的推测。

意志活动。以上所说的感觉、知觉、思维、情绪、意志等都是人的心理活动。心理活动是人们在生活实践中由客观事物引起、在头脑中产生的主观活动。心理活动是一种不断变化的动态过程，可称为心理过程。人在认识和改造客观世界的过程中，各自都具有不同于他人的特点，各人的心理过程都表现出或大或小的差异。这种差异既与各人的先天素质有关，也与他们的生活经验和学习有关。这就是所说的人格或个性。心理过程和人格都是心理学研究的重要对象。心理学还研究人的个体的和社会的、正常的和异常的行为表现。动物心理学研究动物的行为，这不仅是为了认识动物心理活动本身，也有助于对人类心理活动的了解。在高度发展的人类社会，人的心理获得了充分的发展，使人类攀登上动物进化阶梯的顶峰。心理学是人类为了认识自己而研究自己的一门基础科学。

自人类文明发展以来，就已经开始了对人的心理的探讨与研究。中国古代哲学、医学、教育和文艺理论等许多著作中，有着丰富的心理学思想。但心理学成为一门独立的科学还是 19 世纪的事。今天，心理学已是具有 100 多个分支学科的庞大科学体系了，诸如普通心理学、社会心理学、教育心理学、发展心理学、法律心理学、管理心理学、商业心理学、经济心理学、消费心理学、咨询心理学……都是心理学庞大科学体系中的成员，而且随着人类社会实践活动的发展，心理学的分支学科还会继续增加。

消除对心理学的误解

在日常生活中，当提到心理学时，一般人总觉得有些神秘。所谓"画龙画虎难画骨，知人知面不知心"，而心理学却能把大家认为不可知的"心"都知道了，这其中一定有特殊的门道，有奥妙诀窍。有的人因此认为心理学是一门了不起的"测心术"，更多的人则可能是半信半疑。

在日常生活中，人们对心理学还存在着这样或那样的误解。

误解1：心理学家知道我在想什么

现代心理学是一门研究人类心理活动的科学，但一般人对它却常有很大的误解。"你是学心理学的，那你说说我现在在想什么？"当有人得知某人是心理学专业的时候，他们常常会好奇地提出这样的疑问。

其实心理活动并不仅仅是指人当下的所思所想，它包含更丰富的内容。而心理学家也无法一眼看穿你的内心。

大多数人都对心理学存有这样的误解，认为心理学家能够看透自己的心，知道自己的内心活动，认为"研究心理"就是揣摩别人的所思所想。

对心理学的正确理解应该是：

心理活动并不只是人在某种情境下的所思所想，它具有广泛的含义，包括人的感觉、知觉、记忆、思维、情绪和意志等。心理学家的工作就是要探索这些心理活动的规律，即它们如何产生、发展、受哪些因素影响以及相互间有什么联系等。心理学家通常是根据人的外显行为和情绪表现等来研究人的心理，也许他们可以根据你的外在特征或测验结果来推测你的内心世界，但再高明的心理学家也不可能具有所谓的"知心术"——一眼就能看穿你的内心。

误解2：心理学家会催眠

很多人对催眠术有浓厚的兴趣，因为觉得它很玄妙。提起催眠术，人们又往往想起心理学家。原因之一可能是对弗洛伊德的误解。弗洛伊德是著名的心理学家，既然他使用催眠术，那么心理学家应该都会催眠术。另外，这种误解可能是缘于几部颇有知名度的"心理电影"的误导，例如国内的电影《双雄》中催眠师能在不知不觉中将人催眠，并替他办事。因而人们就认为心理学家能催眠。其实，这些影片描述的和心理学家使用催眠术的实际情况相去甚远，纯粹是艺术虚构或商业炒作。

对上述观点的正确理解是：

催眠术只是心理治疗的一种方法。催眠术源自18世纪的麦斯麦术。19世纪，英国医生布雷德研究得出，令患者凝视发光物体会诱导其进入催眠状态。他认为麦斯麦术所引起的昏睡是神经性睡眠，因此另创了"催眠术"一词。但催眠的内在机制至今尚未完全搞清楚。催眠术的方法多种多样，但最常用的方法是：要求人彻底放松，把注意力集中在诸如晃动的钟摆和闪烁的灯光等某个小东西上，引导人将注意力集中在想象中的星空等，然后诱发其进入昏睡状态。催眠前要先测定被催眠者的暗示性，暗示性高的人容易被催眠，能进入深度睡眠状态，此类人的催眠治疗效果较好。在催眠状态下，人会按照治疗师的暗示行事，可能会有副作用，因此应该由经验丰富的催眠师来实施。

催眠术并非所有心理学家必然会的"招牌本领"。它只是精神分析心理学家在心理治疗中使用的方法之一。实际上，大多数心理学家的工作是不涉及催眠术的。他们更倾向于运用实验和行为观察等更为严谨的科学研究方法。

在国外，催眠术常用于帮助审讯嫌犯，以期使嫌犯在催眠状态下不由自主地坦白情况。现在，很多司法心理学家认为催眠状态下的问讯有诱导之嫌，很可能使嫌犯按着催眠师的暗示给出所希望的但并不公正的回答，所以对此持反对态度。

误解 3：心理学家的研究对象是非正常的人

很多人都说他们走进心理咨询室是需要很大勇气的，可能还有过思想斗争："去还是不去？人家会不会认为我是精神病？朋友知道了会怎么看我……"这在一定程度上反映了很多人对心理学的看法：去心理咨询的人都是"心理有问题"的人，心理有问题就是变态，心理学家只研究变态的人，所以与心理学有关系的非专业人士都不正常。

对上述观点的正确理解应该是：

大多数心理学研究都是针对正常人的。有些人把心理学家和精神病学家混淆了。精神病学是医学的一个分支，精神病学家主要从事精神疾病和心理问题的治疗，他们的工作对象是所谓"变态"的人，即心理失常的人。精神科医生和其他医生一样，在治疗精神疾病时可以使用药物，他们还必须接受心理学的专业培

为什么会认为心理研究对象是非正常人

在现代，还是有很多人会认为只有不正常的人才会去看心理医生，人们为什么会有这样的想法呢？

中国人比较内敛，有心理困扰大多自己调节，如果放在了台面上，就会被认为是很严重的精神问题；

肯定不正常，要不谁去找心理医生啊！

心理咨询室

你说她是不是不正常？

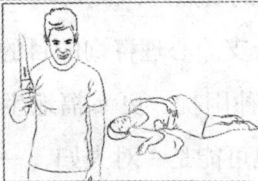

真是变态！

为了满足人们猎奇的心理，媒体在表现与心理学有关的题材时喜欢选择变态心理，认为这样更具有炒作价值。

很多人是从电视、电影、报纸和杂志上认识心理学的，这很容易形成误解，认为心理学只关注变态的人。

训。与精神病学家不同，虽然临床心理学家也关注病人，但他们不能使用药物，除此之外，大多数心理学研究都探讨正常人心理现象，如儿童情绪的发展、性别差异、智力、老年人心理、跨文化的比较，等等。

误解4：心理学 = 心理咨询

作为一个新兴的行业，心理咨询蓬勃发展，越来越火。各种各样的心理门诊、心理咨询中心、心理咨询热线等不断涌现，通过不同的渠道冲击着人们的视听。再加上心理咨询师资格考试制度的实施，使心理学的社会影响力得到了极大的提高。这些动向使很多人一听到心理学就想起心理咨询，以至于使它成了心理学的代名词。另外，对大多数人来说，倾向于从实际应用的角度去认识这门学科。而心理学最为广泛的应用就是心理咨询或心理治疗，较之其他心理学知识更为大家所熟知，所以很多人将心理咨询等同于心理学。这是一种误解，正确的观点是：

心理咨询只是心理学的一个应用分支。心理咨询的目的，是为了帮助人们认识和应对生活中的各种困扰，更幸福地生活下去。心理咨询的对象可能是一个人，也可能是一对夫妇、一个家庭或一个群体。通常，心理咨询是面向正常人的，咨询者虽然有各种心理困扰，但并不存在严重的心理障碍。如果是严重的精神疾病，那就要交给临床心理学家或精神病学家来处理了。

在发达国家，人们的工作、生活压力较大，因此心理咨询机构繁多。如日本的心理咨询机构，经常为人们所称道。当在工作、生活中面临巨大的压力时，就可以到自己的心理医生那里去宣泄，比如心理医生会提供一些设施，以便让顾客进行摔、砸等破坏性行为以充分发泄。当然顾客必须支付价格不等的咨询费用。

在国内，目前的心理咨询机构多分布在一些高校、医院等地方，也有一些专门的咨询中心。这是一个专业性很强、责任重大的职业。从事这项工作的人必须有专业知识背景，足够的实际技能培训，以及良好的职业道德。

误解5：心理学知识＝一般常识

有不少人对心理学家所做的事情不屑一顾，认为他们花很长时间而得到的研究结果只不过是一些尽人皆知的常识。我们认为这样的评价是不公平的。心理学知识不是一般常识，它所研究的范围远远超出了一般常识。

误解6：心理学就是解梦

这种误解的产生同样和弗洛伊德分不开。对于多数了解心理学的人来说，解梦是弗洛伊德的理论中最吸引人的部分。这是因为人们总是喜欢挖掘自己和别人内心深处的秘密，而梦被当作是透视内心世界的一扇窗户。由于弗洛伊德的心理学家的"代表性"，许多人把弗洛伊德的理论等同于梦的分析，进而使解梦成为心理学的代名词。好莱坞的电影与此也是脱不了干系的，例如《最后分析》是很多人对心理学的最初了解的来源。《爱德华大夫》是好莱坞第一部涉及精神分析的作品，票房成绩斐然，使精神分析题材开始在电影中盛行。这部影片的一个中心内容就是解梦，其中有一句经典台词，也是许多人认为的心理学家的口头禅："晚安。做个好梦，明天拿出来分析一下。"

但是解梦只是精神分析心理学家所使用的心理治疗技术之一，仅仅是心理学热带雨林中的一株树木而已，怎么能等同于整个雨林呢？

心理学与生活密切相关

心理学是研究心理现象的科学，那么，心理学与生活到底有无关联，有什么样的关联呢？日常生活中，我们每做一件事，每说一句话，都受到一定的心理状态和心理活动的影响和制约，尽管有时候我们觉察不到。说一个人发脾气、闹情绪，这就是一种心理活动；说一个人扬扬得意、意气风发，这也是一种心理状态；说一个人品行不好、思想消极，这其实就是在作心理学研究了。心理学能够指导我们的生活，越是复杂的生活，越要懂得心理学的道理才行。懂得运用心理学管理自己，我们的生活才会幸福，才会有意义，我们的学习、工作才会有所成，我们和他人才会友好地相处。

人的心理和人的生活是相互影响的。人一降生，就是带着心理能量的，虽然这种能量是潜在的和不成形的。同时，一定的生活环境也会将这个刚出生的小家伙一下子包围起来。生活环境的差异对人的早期的心理发展有着深远的、导向性的影响。如果一个人出生在一个暴力家庭，他的心理上就会发展不健全，可能会成为一个性格古怪、情绪反常、十分叛逆的人，他可能早早辍学，不愿回家，讨厌家庭，讨厌社会，甚至走上犯罪的道路。同样是他，如果出生在一个和睦幸福的家庭，他的心理就会健康地发展，自小懂得关爱和帮助别人，懂得尊敬长者，懂得好好学习，珍惜家庭温暖，他将来会有一个幸福的人生。不同的生活环境造就人不同的心理，不同心理特征的人会选择不同的生活道路。因而，我们可以说心理学与生活互相影响。

在生活中，心理学有着极其广阔的应用范围。例如，领导者和管理者学习和掌握劳动心理学和管理心理学知识，有助于企业管理的合理化，改善劳动者的心理状态和人际关系，加速掌握生产技术，促进生产技术革新，不断提高劳动生产率。教师掌握了有关的教育心理学知识，就能够根据人的认识活动过程的特点和规律，培养学生的观察力，指导学生有效地进行学习和牢记已学的知识、技能，帮助学生正确理解并掌握概念和教学内容，培养学生分析问题和解决问题的能力；还可以根据心理学的有关理论培养学生使其具有高尚的情操、坚强的意志、共产主义的信念、远大的理想以及优良的性格特征等。这对进行教育改革、提高教学质量、实现教育工作的科学化都具有极其重要的现实意义。医学心理学知识有助于医护人员正确了解心理因素在疾病中的作用，开展心理咨询和心理治疗工作，不断增进人们的心身健康。另外，心理学知识对个人自我教育也有重要作用，它有助于自己分析和了解自身的心理特点，从而使人做到自觉地、正确地组织和调整自己的学习和各项有益心身的活动，克服消极心理，发展积极的心理品质。

心理学在生活各领域中的应用

目前，心理学在人类生活中所起的作用越来越大，应用的范围也越来越广，心理学在工业、商业、医疗、军事、教育等领域得到广泛的应用，并且形成了许多分支学科。

工业与组织心理学

工业与组织心理学主要在工业、企业和组织机构里发挥作用，包括：在厂房设备安装、产品质量设计方面考虑到人的因素，可以更有利于促进生产，提高效率；在人事部门中知人善任是人才选拔、人员安置、人力资源合理利用等一切工作的基础；在企业中调动员工的积极性，协调关系，既提高生产力也提高职工的满意度，创造良好的企业形象等，都离不开心理学规律的应用。

商业心理学

商业心理学主要研究商业活动中人的心理活动的特点和规律，并运用心理学的原理和方法解决商业中有关人的一些问题。商业心理学包括广告心理学、消费心理学等。

广告心理学研究如何把产品信息传达给群众，以更好地引起消费者的购买行为。消费心理学则以社会大众的消费行为为研究对象，考察消费动机、购买行为以及影响和促进消费行为的各种因素。

医学心理学

医学心理学是关于健康和疾病问题的心理学，主要研究心理因素在治病和维护健康方面的作用，以及医护人员和病人在医疗过程中的心理活动和行为特点。

医学心理学还研究精神药物的作用、心理治疗的方法、病人的康复过程等问题。医学心理学家也从事一些心理卫生和心理咨询工作，以促进人们的身心健康。

军事心理学

军事心理学主要研究在军事活动中人的心理问题，包括军事人员的选拔和分类、军事技能和武器的学习掌握过程、适合军事活动的个性心理特征、心理战术、宣传和反宣传等。军事心理学上，军事组织就是一个小社会，其中的社会过程和关系，比如军官和士兵的关系、战争时群体内部情绪、军队士气的作用等，都是需要研究的问题。根据兵种的特点，军事心理学可分为航海心理学、航天与航空心理学。航海心理学主要研究军事人员在长期离开陆地的情况下的心理特点，舰艇操纵和海上战斗时的特殊心理学问题。世界各国的军事心理学研究成果都保密，除非已经失去了军事价值，否则不会公开发表。

教育与学校心理学

教育心理学是心理学的一个重要领域。作为教育科学的基础，其工作在于研究教与学过程中的心理规律，以提高教育、教学水平，改进师资培训和学业考试，并推动因材施教，培养学生健全的人格和创造力等。

学校心理学

学校心理学辅导人员有下面两大方面的作用：

对在学校中有学习困难、适应困难或某种问题行为的学生进行诊断和辅导。

协助家长和教师解决与学校有关的问题。

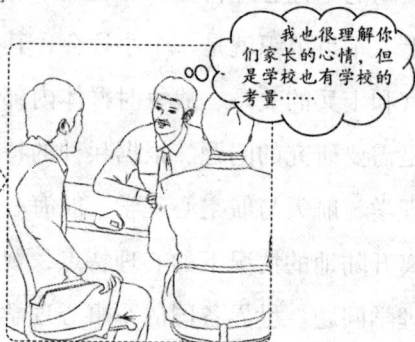

学校心理学是心理学的应用分支，是心理学与学校教育实践相结合的结果，是心理学应用和服务于学校的具体表现。

第一章

认知心理学：我们的眼睛和耳朵可信吗

感知是如何运作的

我们有五个感官：眼、耳、鼻、舌、身。通过这五个感官，我们可以获得外界信息。我们一生当中对所有事物的认知都是通过这五个感官获得的。我们的感官持续不断地受到外界信息的刺激，根据不同感官所受到的刺激，我们可以把感觉分为：视觉、听觉、触觉、嗅觉、味觉。其中触觉可以分为外在的身体能够感知的感觉和内在的内心深处的感觉。

视觉信息的获得通常是由物体所发出的光线刺激视网膜上细胞而获得的，这样我们就可以感受物体的形状、颜色、大小等等。视觉是所有的感觉中获得信息量最大的，在我们所获得的信息中，有大概80%是来自视觉的。但是，我们的视觉往往也是最不可靠的，比如视错觉等现象就说明这一点。

听觉给视觉所看到的五彩缤纷的世界配上了声音，这样我们眼前的世界就变得更加生动了。俗话说"眼观六路，耳听八方"，这说明我们耳朵的力量是十分强大的，它可以不受方向的限制，同时捕捉来自八方的信息。但是，和视觉一样，我们的听觉有时候也会出错。

触觉是通过皮肤来实现的，这种感觉不像视觉和听觉那样会骗人，它是很可靠的。在我们的身体各部位中，指尖的触觉是最为敏感的。

人类的嗅觉功能是通过空气中的粒子刺激我们鼻内的嗅觉细

同一物体的不同感觉

与不同的物体相对比，人们对同一物体的感觉也会出现不同，比如：

同等温度的冰水，吃完雪糕后再喝冰水会感到冰水是温热的。

同等温度的冰水

而喝完热茶之后再喝冰水会感到冰水特别凉。

这就是因为冰水与雪糕和热茶对比时，温度给人的感觉会不同，给人造成一定程度的错觉。

胞来实现的。嗅觉通常会伴随着内心的情感体验，例如，当我们闻到玫瑰花的芳香时，我们就会产生愉悦的情绪，心旷神怡；当闻到臭水沟的味道时，我们往往会掩鼻而过，免不了会抱怨几声。

舌头上的味蕾是专门负责味觉的，我们常说的酸甜苦辣咸就是味觉。人类的舌头是感受味觉的唯一器官，通常情况下舌尖对甜味比较敏感，舌的两侧对酸味敏感，舌根对苦、辣味比较敏感。

我们通过五种感觉来感知客观事物，并通过这五种感觉来表象，因此这五种感觉被称为"表象系统"，也称为"感元"。我们可以通过五种感元精确地描述身体和内心的感觉。比如，当我们观察一朵花的时候，首先感觉到花的形状和颜色，然后注意到花瓣的质感，接着凑过去闻闻花的芬芳。这朵花的信息就通过我们的眼睛、鼻子、皮肤等感官进入我们的大脑。

感元还可以用来描述思考过程的进展，比如当你想念一个你喜欢的人时，他（她）的样貌就会浮现在你的脑海中。如果有人问你最喜欢的动物是什么，你就开始搜索储存在大脑中的信息，你最喜欢的动物形象，以及它带给你的感觉就会浮现出来。

其实，在我们的日常生活中，纯粹的感觉是不存在的，感觉信息一经感觉器官传达到大脑，知觉便随之产生。这说明感知觉是一个连续的过程，它们共同对外界的信息进行加工，使得它们成为我们能够识别的、有意义的信息。举个例子来说，当我们看到一个圆圆的、红色的物体，同时又能闻到它香甜的味道，让人忍不住想吃，这些来自感觉器官的信息为我们提供了形状、颜色、味道等特性，然后将这些信息传入大脑之后，我们认出了"这是一个苹果"。在这里把感觉通道所传递的信息转化为有意义的、可命名的经验过程就是知觉。

即使是一个简单的事物，也会传达很多信息，所以，我们在了解一个人或一件事的时候，必须对信息进行筛选，否则就会被大量信息淹没。我们对信息的控制就像经过一系列的过滤器，只选择接受事物的一小部分信息，最终保留下来的信息形成我们对世界的看法，也就是意识对物质的反映。

每个人对同一件事的感觉和看法有所不同，因为我们以不同的方式处理信息。信息过滤器对我们的一生有重要影响，我们的任何感觉和看法都带有强烈的主观色彩，就像戴上了有色眼镜，没有人能够完全客观地反映外在的世界。两个人可以经历完全相同的事件，却产生截然不同的情感。比如，两个人同时登台表演，其中一个人感到风光无比，另一个人却感到惊恐不安。

知觉就是个体在以往经验的基础上，对来自感觉通道的信息进行有意义的加工和解释。在上述例子中，一个人在以前已经见过苹果长什么样，并且吃过苹果知道它是什么味道，所以再次看到苹果时，个体根据以往的经验立刻判断出这是一个苹果。这就是感觉和知觉共同作用的结果。

人类学家特恩布尔曾调查过居住在刚果枝叶茂密的热带森林

中的俾格米人的生活方式，他描述了这样一个例子：居住在这里的俾格米人有些从来没有离开过森林，没有见过开阔的地方。当特恩布尔带着一位名叫肯克的俾格米人第一次离开他所居住的大森林来到一片高原时，他看见远处的一群水牛时惊奇地问："那些是什么虫子？"当告诉他是水牛时，他哈哈大笑，说不要说傻话。尽管他不相信，但还是仔细凝视着，说："这是些什么水牛会这样小。"当越走越近时，这些"虫子"变得越来越大，他感到困惑不解，说这些不是真正的水牛。这是一个十分有趣的故事，说明了以往的经验在我们感知觉中的重要性。

人的眼睛为什么能适应黑暗

日常生活中，我们都有过这样的体验。当我们刚进入不开灯的房间时，眼前一片漆黑，看不到屋内的东西，但是，过一段时间我们就能分辨房间内的物体了。当我们刚进入电影院时也会有这样的感觉，眼前黑乎乎的一片。这种现象就是我们的眼睛对黑暗的一种适应，在心理学中被称为"暗适应"，即从明亮的地方进入黑暗中眼睛对这种变化的适应。与这种"暗适应"相反的一种适应过程被称为"明适应"，即当我们从黑暗的环境到明亮的环境时，会觉得光很耀眼，看不清什么东西。比如，我们刚从电影院里走出来时，在明媚的阳光下，我们会觉得阳光很刺眼，睁不开眼睛，眼睛还会眯成一条缝，但渐渐地就能适应这种明亮的环境了，看清楚周围的物体了。我们眼睛的"明适应"和"暗适应"的过程就是我们通过改变自身的感觉机能来应对外部的刺激，这是对环境的一种适应性变化。

　　暗适应是由视网膜内杆状感光细胞中的一种叫作视紫红质的物质所决定的，它对弱光比较敏感，在暗处可以逐渐合成，据眼科专家统计，在暗处5分钟内我们的眼睛就可以生成60%的视紫红质，大约30分钟即可全部生成。明适应则是与暗适应相反的过程，当我们从黑暗的环境到明亮的环境时，在暗适应过程中合成的视紫红质迅速分解，待到分解完毕之后，视锥细胞中对光较不敏感的色素才能在明亮的环境中感光。可见，暗适应和明适应是一个可逆的过程。与暗适应相比，明适应的时间比较短，大约在一分钟内即可完成。在生活中我们深有体会，从电影院出来时虽然刚开始很不适应外面的亮光，但是过一会儿就完全没事了。但是在进入电影院时，我们可能要花相对长的时间来适应。

　　由于各方面生理条件的老化，老年人对光的敏感度比较低，因此，老年人的暗适应要花更长的时间。所以，如果家中有老人的话，在布置房间时最好不要让房间的照明一下子完全变暗，以防老人发生意外事故，而且在夜里，房间里最好不要漆黑一片，可以适当地给老人留一盏灯，让老人慢慢适应黑暗的过程。

　　在现实生活中，许多研究领域都考虑到了我们眼睛暗适应和明适应的规律。国外研制出一种专门对付犯罪分子的闪光弹，这种闪光弹的亮度要远远强于闪光灯的亮度，在这种短暂的极强的光线刺激下，犯罪分子眼前一片漆黑，只能束手就擒。

在汶川大地震中，相信很多救援的场面已深深地刻在了我们心中。当救援人员抬出被困在废墟中几十个小时，甚至更长时间的人时，都会将他们的眼睛蒙上。这是因为，视网膜受到阳光的强烈刺激，这种刺激紧接着传入脑内，会使人感到不舒服，同时会有眩晕的感觉，甚至眼睛还可能受到伤害。

此外，我们还注意到在隧道中也考虑到了这一因素。如果我们留心观察的话会发现，通常情况下，为了能够使驾驶员更好地适应光线的变化，隧道的出口和入口的照明相对要多一些。这样驾驶员的眼睛就会在不同的阶段接收不同强度的光，不会出现进入隧道后眼前一片黑暗的情况。

为了避免使眼睛受到伤害，在日常生活中我们也应该利用这一规律，对我们的眼睛进行保护。比如，在夏天阳光过强的时候，戴一个墨镜，使得较强的光线相对温和一点儿，这样我们在看阳光的时候就不会那么刺眼；当我们进入房间时先不用着急打开光线较强的灯，可以先开一盏光线相对微弱的台灯，等过几分钟后再去开大灯，让我们的眼睛有一个适应的过程。

俗话说，眼睛是心灵的窗户，只有将这扇心灵的窗户擦亮了，我们才会更清楚地去看周围的世界，才不会迷路。心灵的窗户亮了，眼前的世界也就跟着亮了。

为什么有时感觉时间过得飞快，有时又过得太慢

生活中，你是不是有这样的体会，当你和恋人在一起时，你们亲密耳语，分享彼此间发生的有趣的事情，不知不觉你们约会的时间就过去了，于是你们依依不舍地分开，并期待着下次见面的时间。相反，当你在听一场很枯燥的报告时，你心里在想，怎么还不结束呢，为什么时间过得如此之慢，你开始烦躁不安地看表，希望指针转得再快一点，甚至还会悄悄地溜走。

这只是我们的感觉而已，说不定你和恋人约会的时间和听报告的时间是一样的，或许和恋人约会的时间比听报告的时间还长呢，可是你为什么会感觉到和恋人约会的时间过得很快，而听报告的时间却过得如此之慢呢？

在心理学中，这种对某一事件持续时间的知觉称为时间知觉。

时间知觉主要有四种形式：

1. 对时间的分辨，是指能够将事件发生的先后顺序在时间上进行区分，比如吃完早饭，紧接着去上课，下课后去购物，能够按时间顺序把这些活动区别开来；

2. 对时间的确认，就是知道今天是星期二，明天是星期三；

3. 对持续时间的估计，比如这节课已经过去了半小时，我已经等同学 15 分钟了等；

4. 对时间的预测，比如还有一个月就放暑假了，四个月之后

要在上海举办心理学大会，等等。

以上这些主要是对持续时间的估计。而能够准确地对时间进行估计，对我们的生活和工作都有十分重要的意义。比如，一个老师要想成功地上好一节课，应该对时间做出恰当的安排，先开展哪个环节，后开展哪个环节，每个环节大概要用多长时间，等等。但是，如果对时间估计不准确，则会给教学带来混乱。

时间是客观的，不管我们知觉它是长是短，它不会发生变化。真正出现差错的是我们的感觉，和视觉听觉一样，它有时候并不可靠。人是复杂的情感动物，所以在对时间进行估计时往往会加入自身的很多情感因素。

这就是所谓的错觉——在特定条件下产生的歪曲客观现实的错误知觉。人们在认识客观事物的过程中，经常会产生各种错觉。

错觉是人们日常生活的一部分，有时我们会因为它而感到沮丧、失落，有时也会自觉不自觉地享受着它给我们带来的好处。比如说，有时我们会利用"视觉错觉"来掩饰自己外形上的一些不足：身材偏瘦的人往往会穿上暖色宽松的衣服，可以使自己看上去丰满一些；"高低肩"的人可以穿双排纽的翻领上衣，因为这种上衣的翻领部位是不对称结构；上身短的人可以穿领口高、纽扣数量多的上衣，因为它能为观者的视觉提供更多的上衣面积。建筑、装饰、广告和艺术也常常通过"错觉效应"来获得期望的效果。比如，一个房间较小，在墙壁涂上浅颜色，并在屋中央摆放一些较矮的沙发、椅子和桌子，房间看起来就会更加宽敞

时间为什么有时快有时慢

对于同样的时间，为什么有时候我们会觉得它很长，有时候又会觉得它很短呢？

> 好快，马上就结束了。

> 好慢啊，怎么还不结束？

越感兴趣的内容，时间过得越快。

对时间的估计还与我们自身的兴趣和情绪有关

> 怎么还有5分钟？时间过得真慢啊。

同样，当我们满怀期待某件事情时，我们总是希望时间过得快一点，越是这样反而会觉得时间过得很慢。

所以说时间是一样的，之所以会感觉有时过得快，有时又慢，只是人的心理不同而已。

明亮。

"错觉效应"被广泛运用到商场中，其中最典型的是"时间错觉"。我们都有过乘车的经历，如果你坐在车上什么都不干，就会有一种度秒如度年的感觉。如果你一边坐车，一边看报或听音乐等，你就会发现时间过得飞快。这是由于你在看报或听音乐时，分散了对时间的注意力，从而造成了时间快的错觉。

一般商场都会放音乐，然而真正能让音乐起到预期效果的却不多。音乐对人的情绪有着很大的影响，乐曲的节奏、音量的大小，都会影响到顾客和营业员的心情。如果乐曲播放得当，主顾双方心情都好，主顾之间就会避免很多不必要的矛盾和冲突，商场就能够卖出更多的货物，取得更好的经济效益。否则，如果乐曲播放不当，往往会适得其反。

比如，在顾客数量较少时播放一些音量适中、节奏较舒缓的音乐，不仅能使顾客心情更加舒畅，使销售人员的服务更加到位，还能延缓顾客行动的节奏，延长顾客在商场的停留时间，增加随机购买率。而在顾客人数过多时应播放一些音量较大、节奏较快的音乐，这样会使主顾的行动随着音乐的节奏而加快，从而提高购买和服务的效率，避免由于人多而引起的主顾双方心情不好、矛盾冲突增多的情况出现。

总之，我们一方面要用科学、理性的头脑来认识错觉，避免因错觉造成的损失；另一方面，我们应该善于利用错觉来为我们服务。

人怎么能分辨出那么多张脸

在生活中，我们整天和形形色色的人打交道，而且还会不断地认识新的面孔，但是很少出现将这些混淆的情况，这就是一种特殊的能力，即面孔识别的能力。

人的面孔是由眼睛、鼻子、嘴、脸部的轮廓等组合在一起的，我们在对人脸进行识别的时候就是依据这些组合在一起的信息。所以，当我们在看到一张面孔的时候，能够很快地辨认出对方是我们熟悉的人还是陌生人。关于面孔识别能力中所潜在的原理，目前科学家们并没有形成定论。

有一种解释认为，由于我们平时接触了很多人，根据以往的经验，在我们的大脑中就会形成关于人的面孔的模板，会无意识地将一些人的面部特征储存起来。当我们一个人时，就会将这个人的面部特征信息与我们大脑中的模板进行匹配，如果匹配成功，说明我们脑中已经储存了关于这个人的信息了，这个人就是我们所说的熟悉的人。但是如果是一个陌生人，将他的面部特征信息与脑中的模板进行匹配时，就会匹配失败。这样我们就会将这个人的面部特征的信息重新储存在我们的大脑中，下次如果再遇到这个人时就可以直接匹配了，这个人就成了我们所熟悉的人了。但是，对于这个说法很多人提出质疑，因为我们每天要和很多人打交道，每天都要接触很多陌生面孔。按照这样的说法，我们的大脑中究竟能够储存多少面孔呢？随着储存的面孔逐渐增多，我们在进行面孔匹配的时候要花费多长时间呢？在面孔匹配的过程中，我们是直接就能找到要匹配的模板，还是得一个一个进行匹配，直到找到相互匹配的面孔为止呢？目前，对于这些问题尚无明确的答案。

另外，有研究结果显示，面孔识别能力并不是人类所独具的。日本科学技术振兴机构（Japan Science and Technology Agency，JST）于 2008 年的研究报告称，刚出生的小猴子同样具有面孔识别的能力。在研究中，将刚出生的猴子隔离喂养，不让它们有机会接触任何面孔，向它们呈现人脸和猴子的脸的照片，并混同其他物体的照片。结果研究人员惊奇地发现，这些猴子虽然是第一次看到面孔的照片，却能很好地识别出来，但是对物体的照片就没有那么敏感。刚出生的婴儿和猴子一样，也具备天生能够识别人脸的能力，对于其中的奥妙，目前科学还不能解释清楚。

有些人声称他们对别人的面孔过目不忘，现在这种说法得到了哈佛大学心理学家的支持。他们发现有一种人可以被称为"超级识别者"，他们能够轻松地认出哪怕是多年前擦肩而过的面孔。

有一项研究表明，不同的人在面孔识别能力上可能有很大差异。以往的研究已经确认，在全部人群中有 2% 的人属于"脸盲"，又称面孔失认症，表现为识别面孔非常困难。而这项研究第一次发现另外一些人具有超常的面孔识别能力，这意味着面孔识别能力可能会有两个极端：面孔失认症、超级识别者。

研究者声称，"超级识别者"有一些惊人的经历，例如"他们能认出两个月前和自己在同一家商店购物的人，即使他们没跟那人说过话。他们不需要与别人有过特别的交流，照样能认出对方。他们能记住那些实际上并不重要的人，由此可见他们的面孔识别能力确实超出常人"。参与研究的一名妇女说，她曾经在大街上认出一个五年前曾经在另一个城市为她上菜的服务员。她非常准确地记得那个女人曾经在另一个城市做服务员。超级识别者往往能够在别人的容貌发生很大变化的情况下（如衰老或头发颜色改变）依旧认出他们。

　　人类不仅具备识别不同面孔的能力，同时还能够读懂面孔背后所潜藏的东西。比如，你可以发现温和面孔背后的假笑、漂亮背后的冷漠、慈祥背后的杀机、威严背后的邪恶，等等。关于人类的面孔识别还有很多奥妙等着科学家们去发掘，希望在以后我们能够有更多惊人的发现。

什么是鸡尾酒会效应

　　我们的耳朵似乎对声音有过滤功能。的确如此，我们的听觉能够从嘈杂的声音中听到自己想要听的声音，这是听觉具备的一种非常优秀的能力。因为在鸡尾酒会上，你和心仪的对象交谈的声音是你注意的中心，其他声音只不过是一种背景，所以不论其他的声音多么嘈杂都不会引起你的注意，因为那不是你所注

什么是鸡尾酒会效应

如果你正专注地和一个你心仪已久的对象交谈，即使噪声再大，你仍能听清对方的每一句话。

王涛!

这时你听不到周围人在说什么，但是，如果某个角落里突然有人喊你的名字，你马上就会警觉起来。

我听着像你的声音，就过来看看。

你也在？

有时候，你还能听到很熟悉的声音，你会在想是不是你的朋友也来到了酒会。

在这个鸡尾酒会上，你听到了你要听的：心仪对象的声音、你的名字和熟悉的声音。在心理学中，这种现象被称为鸡尾酒会效应。

意的。

心理学上有一个非常有趣的实验，就是给受试者戴上耳机，同时让他的两个耳朵听两种不同内容的声音，并让受试者追随其中一只耳朵听到的声音，然后让其大声说出他听到的声音。事后检查受试者的另一个耳朵听到了什么。在这个实验中，前者被称为追随耳，后者被称为非追随耳。结果发现，受试者一般没有听清楚非追随耳的内容，即使当原来使用的英文材料改用法文或德文呈现时，或者将材料内容颠倒时，受试者也很少能够觉察。这个实验说明，进入受试者追随耳的信息受到了注意，而进入非追随耳的信息则没有引起注意。但有趣的是，如果在非追随耳的内容中加入受试者的名字，受试者却能够清楚地听到。这说明我们的耳朵具有选择的功能，只对与自己有关的信息进行关注。

声音中隐藏着无穷的乐趣，在生活中我们还会发现关于声音的另一个非常有趣的现象。比如，我们的闹钟放在自己的房间里，平时我们在房间里进进出出，和好朋友聊天，玩电脑游戏，看电视，等等。这时我们完全听不见闹钟嘀嘀嗒嗒的声音，但是当晚上我们躺下睡觉的时候，周围静悄悄的，我们就能够很清楚地听到闹钟嘀嘀嗒嗒的声音。这种现象说明，有其他声音，如和朋友聊天的声音或电视的声音时，闹钟的声音就被掩蔽了，所以我们听不到。又比如，在安静的房间中，一根针掉到地上都能听见，可到了大街上，就算手机音量调到最大，来电时也未必能听见，而手机的声音确确实实是存在的，原因就是被周围更大的声音遮蔽了。这种现象被称为"掩蔽效应"。

在实际生活中，很多人利用耳朵的这种特性来解决生活中的问题。比如，在鸡尾酒会效应中，人们对与自身有关的信息会比较关注。所以这个原则也可以用到人际交往中，为自己建立良好的人际关系。比如，当你刚进入到一个新集体中，你可以尝试着尽可能地去记住每个人的名字，这将有助于你很快地融入集体中。同时，如果你很快记住了对方的名字，对方也会因为自己的名字很快被别人记住而感到心情愉快。再比如，很多公司利用掩蔽效应来达到隔音的效果。担心公司内部会议的内容被外人听到，可以播放一些背景音乐或者将空调的声音调大一点，将会议中讨论的内容进行掩蔽，从而达到隔音的效果。

在看了上面的介绍之后，我们恍然大悟，原来声音中有那么多奇妙的事情，了解声音的秘密然后利用它，真是其乐无穷。说不定声音中还潜藏着更大的秘密，正等着我们进一步发掘。

第二章

性格心理学：不曾了解的真实的自我

为什么说性格决定命运

生活中，我们往往会说，"这个人性格很温顺""那个人性格很外向"，等等，可是到底什么是性格呢？对于这个问题，很多人都无法做出明确的解释。

"性格"一词来源于希腊语，目前关于性格的定义，心理学家也没有达成共识。我国的心理学家认为，性格就是人们对现实稳定的态度和行为方式上表现出来的心理特点，诸如坦率、含蓄、顽固、随和、理智、感性、沉稳、活泼，等等。性格并不是独立存在的，我们每个人在日常生活中的态度及行为表现都可以反映出我们自身的性格特征。

我们每个人所拥有的性格特征并不是在短时间内形成的，而是我们在对社会生活的体验中逐渐形成的，而且还受到我们的世界观、人生观、价值观的影响。性格形成之后有一定的稳定性，但这并不意味着性格是无法改变的。生活中很多的突发事件有时会使我们的性格发生转变。

能够坚韧不拔、吃苦耐劳的人，可以一步一步地实现自己的人生目标；终日懒散松懈、不求上进、怨天尤人的人，必定一事无成。个性叛逆的人对外界环境采取赤裸裸的反抗，不会妥协，不会婉转，这种性格的人要么成为英雄，要么被环境所吞噬，上演一出悲剧。"兵强则灭，木强则折"，性格过于耿直的人不善于迂回，往往四处碰壁，容易遭遇艰难曲折的命运。优柔寡断的人遇事总是犹豫不决，瞻前顾后，这种人容易因为性格中的不足而错失一次次的机会，导致无为、失败的一生。

性格的分类

心理学家将性格分为积极的性格和消极的性格。

积极乐观

没什么大不了，它可以带我飞过去。

积极的性格如热情、稳重、理智、活泼等。可以让人身处逆境时，坦然面对，积极进取，最终获得成功。

消极的性格如自私、暴躁、懒惰、懦弱等。它则会让人走尽弯路，受尽挫折，最终碌碌无为，甚至导致悲剧性的下场。

烦躁
抑郁
懒惰

其实性格根据不同分类也会有所不同，但是总体来说可以分为这两大类型。

法国著名的大作家大仲马曾经说过，人生是由一串烦恼串成的念珠，而达观的人总是笑着数完它。如今，心理学家们更是不容置疑地告诉我们这样：好行为决定好习惯，好习惯决定好性格，好性格决定好命运。性格决定成败，把握住了性格也就把握住了成功；性格决定命运，改变了性格也就改变了命运。如果你不满意自己的现状，就必须要改变命运；若要改变自己的命运，就必须改善自己的性格。

　　诚如日本的一位心理学大师说过的：心理变，态度亦变；态度变，行为亦变；行为变，习惯亦变；习惯变，人格亦变；人格变，命运亦变。换句话说，一个人要想运势好，他的性格首先要好。

　　生活中我们可以看到，在同样的社会背景、同样的智商条件下，有的人能大获成功，有的人却处处失败，为什么会出现这么大的差距呢？其实也就是性格在很大程度上决定了人们各自不同的命运。

　　性格决定命运，优良的性格品质与成功的人生关系极为密切，这种关系主要体现在以下几点：

　　优良的性格造就崇高的理想和高尚的道德。那些有着真正崇高的理想和追求的人，往往都具备积极主动、乐观向上、开朗大方、正直诚实、信念坚定、富有同情心等性格特征。他们热爱生活，热爱大自然，关心身边的人，关心社会，有着高尚的情趣。一个人的理想和道德情操只有建立在这样的基础上才是可靠的。

　　优良的性格是事业成功的保证。天上不会掉馅饼，世上也没有任何唾手可得的东西。在竞争激烈的社会里，小到一点收获，大到事业的成功，都需要坚定的信念，付出艰辛的努力。只有那些性格刚强、自信、乐观、勤奋、勇于开拓、一往无前、不畏挫折和牺牲的人，才有希望获得事业乃至人生的成功。

优良的性格是人生幸福的主要条件。我们生活在复杂多变的社会中，万事皆存变数，可能一帆风顺，也可能诸事不顺；可能收获成功，也可能遭遇失败；可能得到鼓励，也可能遭受打击。只有自身具备优良的性格，才能很好地维持心理的平衡，勇敢地面对人生，积极地应对外界的一切突发情况，创造属于自己的幸福。

如果我们对自己的性格有一个全面、清醒的认识，能够站在必要的高度上正确去面对，我们就能很清楚地看到性格与命运的密切联系。

不健康的性格会导致疾病

从成功的角度说，性格决定命运。其实，性格对人的健康也有着一定的影响。我们可以从性格的不同分类中，观察出性格与人们身心健康的关系。

从个体独立性上划分，性格可以分为独立型和顺从型。

独立型：非常有主见，不易受环境和他人等外界因素的影响；善于发现问题并能很好地解决问题；生活自理能力强，对困难和意外情况也能妥善处理。他们的身体素质一般都不差，习惯独立生活，积极锻炼。

外向型性格与内向型性格

按照心理活动的倾向性，性格可以分为外向型和内向型。

外向型

热情大方，爽朗好相处，兴趣广泛，好奇心强，乐观向上，乐于助人也不拒绝别人的帮助。

> 快点出来玩啊。

> 我不想被打扰！我想一个人待着。

内向型

往往自闭，胆小，冷漠，反应迟钝，情绪易消极，没有太多兴趣爱好。

内向型性格的人如果能多与外界接触，敞开心扉与人交往，培养更多的兴趣，结识更多的朋友等，也会逐渐转向外向型的性格。

顺从型：缺乏独立精神，对别人的依赖心理强，没有主见，容易接受暗示或受人指使。身处逆境或遭遇突发状况时，总是表现得惊慌失措，一蹶不振。他们容易轻信各种谣言，听到对自己有伤害的流言蜚语更是伤心不已。这种心理显然是健康的不利因素，常能引起疾病。顺从型性格的人往往偏听偏信，当试图达到排遣恶劣情绪或摆脱疾病缠身的要求时，他们往往不是积极主动地寻求正确的、科学的方法，而是将希望寄托在求神拜佛之类的迷信活动上，结果越陷越深，有的人最后甚至到了神经失常、精神崩溃的境地；身体上的疾病也因没有得到及时有效的治疗而进一步恶化，甚至到了无法挽救的程度。

从心理机能上划分，性格可以分为理智型、意志型和情绪型。

理智型：习惯理智地认知、衡量事物和支配自己的行为。

意志型：目的明确，意志坚定，在感情和行为上不易受他人的支配。

理智型和意志型的人做事有条不紊，善于处理人际关系，对外界生活环境的变化能够很好地适应，大多精力旺盛，身体健康。

情绪型：总是用感情来认知、处理事物和支配行为，情绪不稳定，容易冲动。他们经常凭主观臆测，意气用事，遇到冲突和矛盾时非常冲动，要么大发雷霆、争吵不休，要么忍气吞声、暗自怄气，这种做法无疑会对精神产生刺激。持久的或经常性的愤怒及抑郁，势必对健康造成影响，导致某些疾病的发生或加重。如食欲不振、睡眠质量不佳、神经机能失调，甚至引发高血压、心脑血管疾病，等等。

从以上分类不难看出，有利于身心健康的理想性格应该是外向型兼理智型（或意志型），并具独立型性格的人。

当然，人的性格是复杂的，每个人都可能具备多种性格特征，不可能有非常明确的标准判断谁是哪种类型的人。但是，某一个人的性格健康与否，却可以大致判断出来。我们应该清楚地认识自己性格中的优缺点，积极培养自我调整的能力，随时弥补性格上的弱点，这对我们的身心健康将大有裨益。

哪些力量塑造了我们的人格

究竟是哪些因素在我们人格塑造的过程中发挥着作用，对于这个问题的争论由来已久，而且存在两种截然不同的观点：一种观点认为，我们的人格主要是由先天的遗传因素决定的；而另一种观点则认为，影响我们人格的主要因素是后天的环境因素。但是，在长时间的争论过程中，心理学家们逐渐达成了共识，认为我们的人格是在遗传和环境两种因素的交互作用下形成的。

在众多研究人格的方法中，双生子研究则是人们公认的一种比较客观和科学的方法。这一方法遵循这样的研究思路，对于同卵双生子而言，他们的遗传因素是相同的，如果他们在人格上存在差异，那么这种差异则是由环境因素导致的；对于异卵双生子来说，如果他们从小就在同一环境中长大，那么他们人格上的差异则就归结为遗传因素。采用这一方法的研究表明，人格并不仅仅受到某一因素的影响，而是各种因素共同影响的结果。

首先，生物遗传因素。许多心理学家认为，人格具有较强的稳定性，因此在研究人格的过程中，应该更注重生物遗传因素的作用。很多心理学研究者采用双生子的方法对该问题进行了研究。

艾森克的研究指出，在同一环境中成长的同卵双生子，在人格的外向性维度上的相关为0.61，不同环境中的同卵双生子在该维度上的相关为0.42，异卵双生子的相关仅为0.17。由此可以看出，同卵双生子在外向性的维度上相关要显著高于异卵双生子，这说明生物遗传因素在人格形成中的作用。

弗洛德鲁斯等人在瑞典进行了同样的研究。他们选取了12000名双生进行问卷的测量，结果发现，同卵双生子在人格的外向性和神经质上的相似性要显著高于异卵双生子，可见生物遗传因素在外向性和神经质两个维度上有重要的作用。

心理学研究者对成人双生子也进行了类似的研究。20世纪80年代，明尼苏达大学对成人双生子的人格进行了比较研究。在这些双生子中，有些是从小一起长大的，有的则是被分开抚养的。研究结果表明，不论是分开抚养还是未分开抚养，同卵双生子在人格上的相关均要高于异卵双生子。我国的一项历时20年的纵向研究结果也表明，人格的许多特质都有遗传的可能性。

尽管通过这些研究，我们可以看出遗传对人格的发展的确有

影响性格的环境因素

按照心理活动的倾向性，性格可以分为外向型和内向型。

早期的童年经验：幸福的童年经历有利于儿童健全人格的形成，而不幸的童年经历则会引起人格上的各种问题。

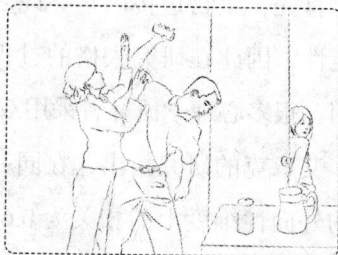

家庭环境因素对人格的影响主要体现在亲子关系、父母的教养方式等方面。

小丽这是第一次迟到，我想一定有她的原因，我们原谅她一次好不好？

对不起，我迟到了。

学校是我们接受教育的场所，这一环境中的很多因素都在无形之中塑造着我们的人格。

社会文化因素：比如在儒家文化中，要求女性必须是温顺的。不过随着时代的发展，这种差异已经越来越小了。

20几岁
要懂点心理学

不可忽视的重要作用，但是它的作用到底有多大，对此并没有明确的结论。我们只能说生物遗传因素为我们的人格发展提供了可能性，而且遗传因素对人格发展的作用因不同的人格特质而异。遗传因素对智力、气质等与个体生物因素有较大关系的人格特质的影响作用比较大，而对那些价值观、性格、信念等与社会因素关系密切的人格特质的影响作用相对较小。

其次，环境因素。除了生物遗传因素外，环境因素对人格的发展同样有重要的影响。这些环境因素包括早期的童年经验、家庭环境因素、学校环境因素以及社会文化因素等，都对塑造我们的性格产生不同的影响。

综上所述，遗传和环境因素都不同程度地影响着我们的人格，对我们人格的发展发挥着重要的作用，正是二者的共同作用才造就了我们在人格上的差异。

荣格的八种人格

荣格根据"利比多"（libido，即性力）的倾向性，最早将性格分为内向型和外向型。

荣格反对弗洛伊德将利比多简单地理解为"性的能量"，他将利比多解释为一种"心的能源"，是一种心的过程的强度。并且他假设其中存在一种"快乐的欲望"，而这种"快乐的欲望"则是荣格性格学的基础。当这种"快乐的欲望"以外在的形式表现出来时，称为"外向"；以内在的形式表现出来时，称为"内向"。而当这种内向或外向成为一种习惯时，我们则称之为"内向型"或"外向型"。现实生活中，我们通常会说某个人性格真内向，某个人性格真外向，这种对性格的分类首先是由荣格提出的。

荣格的这种根据利比多的倾向划分的性格类型在美国逐渐发展成为一种著名的心理测验，这种测验被称为"性向测验"，由此提出了"性向指数"的概念，并且据此进行了一系列的研究。研究结果发现，内向型的人更加关注自己的内心世界，对自己内部的心理活动的体验深刻而持久，通常按照自己的意愿行事，不随波逐流，不容易受到周围环境的影响；对待周围的人和事的态度相对较消极，往往会采取一种敌对或批判的态度，正因为这样很容易与别人产生摩擦，因此适应环境的能力也较差。外向型的人与内向型的人的性格恰恰相反，他们往往比较关注外部世界，对周围的人和事都充满了好奇和兴趣，通常会根据别人的期待、外部环境的变化来行事，适应环境的能力较强，但是这种人过于关注外部世界从而忽略了自己内心最真实的感受，有时候会迷失自己。当然，这两种类型的性格没有优劣之分，只是不同的人格特质使然。而且每一个人不可能只是单单的外向型或内向型，往往是这两种类型的融合，只是哪一种性格类型相对来说占据一定的主导。

后来，荣格在他发表的《心理类型学》一书中对内向型和外向型作了进一步的阐述。由于内向型和外向型主要是根据个体对待客体的态度来进行区分的，因此又被荣格称为性格的一般态度类型。除此之外，还有性格的机能类型。

荣格认为，人的心理活动有感觉、思维、情感和直觉四种基本机能。感觉告诉我们某种东西的存在；思维告诉我们这种东西是什么；情感告诉我们它是否令人满意；而直觉则告诉我们它来自何方并去向何处。根据两种类型与四种机能的结合，共有八种性格的机能类型，荣格对此进行了描述。

1. 外倾思维型

他们通过自己的思考来认识客观世界，做事都要以客观的资料为依据，思维较严谨。科学家就属于典型的外倾思维型，他们认识世界、解释现象、创立自己的理论体系的过程体现了严谨的思维。但是这一类型的人往往比较刻板，情感不够丰富，个性不够鲜明。

2. 内倾思维型

与外部世界相比，这种人更加关注自己的内心世界，他们对一些思想观念感兴趣，善于借助外部世界的信息对自己内心的想法进行思考。哲学家就属于这一类型。这一类型的人比较冷漠、傲慢，有些不切实际。

3. 外倾情感型

这种类型的人能将外部环境的期待与自己的内心情感结合起来。他们善于交际，喜欢表达自己的情感，性格活泼，对社会活动抱有很大的热情，与外部世界相处比较和谐。但是这一类型的人往往没有主见，缺乏主体性。

4. 内倾情感型

这一类型的人往往过分关注自己的内心世界，对内心有深刻持久的情感体验，能够冷静地去看待周围的人和事。但是他们往往不善于表达和交际，和气质类型的抑郁质比较相似。

5. 外倾感觉型

这一类型的人往往比较注重感官的刺激和享受，善于与外界互动，但是往往只停留于表面，不够深入。他们比较注重享乐，往往很难抗拒美味的诱惑，情感比较肤浅。

6. 内倾感觉型

这种类型的人往往沉浸于自己的主观世界之中，与外部世界相距较远。但是他们能够以自己独特的方式对外界的信息进行加工，而且体验较深入，能够以独特的方式将这些表达出来。

7. 外倾直觉型

有灵感的人应该说的就是这种类型的人，他们对外界有很好的洞察力，对新鲜事物比较敏感。他们容易冲动，富有创造性，但难以持之以恒。

8. 内倾直觉型

这种类型的人善于想象，性情古怪，对外界事物较冷漠，往往容易脱离实际，他们的思考方式一般很难被人理解，想法比较怪异和新颖。荣格认为，艺术家就是典型的内倾直觉型。

第三章

情绪心理学：为什么用牙齿咬住一支铅笔能让人感觉更快乐

什么是情绪心理学

当你拿到大学录取通知书的那一刻，你兴奋不已，甚至彻夜难眠；当你的亲人突然离你而去时，你痛苦不堪，万念俱灰；当你和恋人约会时，你内心激动不已，满是甜蜜；等等。在某一时刻或情境中，我们内心总会经历不同的情绪体验，或高兴或悲伤，或快乐或痛苦。我们享受着亲人、朋友带给我们的快乐，体验着购物或欣赏电影带给我们的愉悦，同样也会因为别人的误会而感到委屈，甚至会因为无意间伤害了别人而懊悔不已。

在我们每天的生活中，总会有这样或那样的事情让我们的情绪不断地发生着变化。当我们的需要得到满足的时候，我们就会产生一种快乐的情绪体验；当我们的需要得不到满足时，就会产生消极的情绪体验。从马斯洛的需要层次理论来说，这种需要不仅仅指物质层面的需要，同时也包括精神层面的需要，如关怀、尊重、爱、归属、自我实现等的需要。

通常情况下，我们将情绪分为积极情绪和消极情绪，高兴、快乐、喜悦等属于积极情绪，而愤怒、害怕、生气、难过等则属于消极情绪。现代科学也进一步证明，情绪可以通过大脑对我们的心理活动以及全身的生理活动都产生影响。马克思曾说过："一种美好的心情比十服良药更能解除生理上的疲惫和痛楚。"相关的研究也表明，积极情绪可以使人体内的神经系统、内分泌系统的自动调节机能处于最佳状态，有利于促进身体健康，也有利于促进人的知觉、记忆、想象、思维、意志等心理活动，从而使我们的心理处于健康和谐的状态之中。而当人的情绪有所波动、处于消极的情绪状态的时候，就会对生理机能产生一定的影响，从而导致疾病的发生。医学专家根据大量的病例分析证明，消极恶劣的情绪会引起免疫能力下降、体力过度消耗等生理上的变化，进而影响我们心理的健康。而且那些精神上长期处于忧郁状态的人，肠胃系统的功能会受到影响，因为情绪抑郁会使胃肠蠕动和消化液的分泌受到抑制。据说，人在愤怒的时候 1 小时的体力与精神的消耗，相当于加班 6 小时以上的消耗。

因此，我们应该学会去调节自己的情绪状态，尽量避免消极情绪所带来的危害。现在，我们越来越觉得快乐少了，烦恼多了。只要你用心寻找，快乐其实很简单。哪怕是一件微不足道的小事都可以成为我们快乐的源泉，下面是一些人总结的能够让人感到快乐的小事。

遵从你的内心。选择做对你有意义并且能让你快乐的事情，不要为了顾及人情或别人的期待去做一些事。

多和朋友们在一起，不要被日常工作缠身。亲密的人际关系，最有可能为你带来幸福。

简单生活。更多并不代表更好，放慢节奏，简化生活。用不化妆省下的 30 分钟在花园里行走，用步行代替拥挤的公交车，亲手做一顿简单的菜肴而不去饭馆跟朋友觥筹交错。

有规律地锻炼。体育运动是你生活中最重要的事情之一。每周只要 3 次，每次只要 30 分钟，就能大大改善你的身心健康。

睡眠。虽然有时"熬通宵"是不可避免的，但每天 7～9 小时的睡眠是一笔非常棒的投资。这样，在醒着的时候，你会更有效率，更有创造力，也会更开心。

给予。当我们帮助别人时，我们也在帮助自己；当我们帮助自己时，也是在间接地帮助他人。

勇敢。勇气并不是不恐惧，而是心怀恐惧，依然向前。

感恩。记录他人的点滴恩惠，始终保持感恩之心。每天或至少每周一次，请你把它们记下来。

人为什么会笑

笑可以说是我们生活中最常见的现象之一了，我们每天都可以看见很多种不同的笑，如孩子纯真的笑、老人仁慈的笑、父母关心的笑、老师和蔼的笑，等等。可是，你有没有想过我们为什么会笑呢？对于这个看似简单的问题，我们却知之甚少。

据科学家称，在所有的生物中，只有人类和一部分猴子会笑，其他的生物都不具备笑的能力。来自心理学的研究表明，大约从出生的第八天开始婴儿就会笑。心理学家认为，笑是婴儿简单乐趣的（如食物、温暖、舒适）第一个表示。耶鲁大学心理学副教授雅各布·莱文博士说，婴儿在他们六个月到一岁之间就学

笑容的力量

心理学的研究表明，笑能增加亲和力，所以人们更愿意和爱笑的人相处。

笑一下就不紧张了。

笑可以缓解紧张状态，同时也对我们的生活有积极的影响。

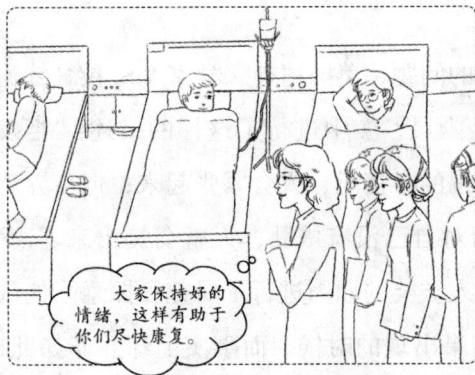

大家保持好的情绪，这样有助于你们尽快康复。

医生和心理学家认为，笑是一剂良药，可以提高人的免疫力和消化能力。

爱笑的人在社会生活中往往更加出色，所以，没事的时候多笑笑吧。

会了对事物发笑的本领。尽管我们笑的本领在生命的最初就已经习得，却是在以后一生的时间里来完善。

美国马里兰大学的心理学家普罗文对笑进行了长达十年的研究。他发现，笑最初只是人类祖先在游戏时，互相胳肢所产生的生理反应。当时，人们发出的是一种"呼呼"的喘气声，经过长时间的演变才逐渐成为现在的"哈哈"大笑。随着人类变得越来越聪明，也赋予了笑一定的社会功能，比如笑能够加强社会中人与人之间的联系，在人际交往中起到润滑剂的作用。有研究表明，人们在分享一个笑话时，会增加他们之间的友情。牛津大学的罗宾·邓巴第一次发现，笑能增加人体内的内啡肽，而这种物质被称为是我们身体里的一种天然的"鸦片"，能让人感到非常快乐。不过，也有专家指出，人自然而然的笑与在谈话中感觉窘迫和紧张时的笑是不同的，前者是发自内心的，而后者则是被迫的，受到社会环境的操控。

对于人类为什么会笑的问题，美国精神病学家 V.S. 拉马钱德兰在其著作《大脑？还是幽灵？》中进行了这样的描述："当发生意想不到、需要提高警惕的事情时，人会紧张起来；但当弄清楚情况后，如果这件事情对自己没有威胁，人就会笑出来。"美国的拉玛昌达拉医生也对人类笑的原因进行了研究和探索。他认为，当你预感到有某种结果出现的时候，而事实上却并非如此，结果与你预想的大相径庭，这时候可能你会发笑，你通过笑来告诉周围的人，你所预想的结果只是"假警报"。拉玛昌达拉医生是在诊治一名患怪病的印度妇女时，发现这种被称为"假警报"的现象的。他用一根针触击这名妇女的皮肤时，她竟然会"哈哈"地笑个不停。拉玛昌达拉医生认为，对于一个正常人来说，皮肤接收的疼痛信号会被送到大脑中，相应的部分就会对疼痛做出反应，紧接着这一信息传到大脑中的感觉中心，最后就会产生疼痛的感觉。但是对这名妇女来说，针触击的这种疼痛的信息只在大脑的疼痛中心而未传到感觉中心，疼痛中心和感觉中心的联系被异常地切断了。因此她感觉不到剧痛，大脑只能将其解释为"假警报"，于是便"哈哈"大笑了。

比如，你走在街上，迎面走来一个凶神恶煞、怒气冲冲的人，这时你不由得紧张起来，于是你用双手紧紧地护着自己的包，你以为这个人是抢劫的。可是，当他走到你面前的时候，只是向你打听去某个地方的路线。这时紧绷的神经终于放松下来，想到自己刚才紧张的心情你不由得暗自发笑。刚才出现的那个凶神恶煞的人原来只是一个"假警报"而已，当这个"假警报"被解除了之后，我们就会不由自主地发笑。也就是说，当我们意识到某种危险存在的时候，就会不由自主地紧张起来，但是当发现原来危险并不存在，只是自己虚惊一场而已，就会不由自主地笑出来。在心理学中对这种状况进行了解释，认为笑是一种缓解紧张状态的方法，通过笑我们能够达到心理上的平衡。

痛苦挥之不去，快乐却很容易消失

《红楼梦》第三十一回中，林黛玉曾说："人有聚就有散，聚时欢喜，到散时岂不冷清？既清冷则伤感，所以不如倒是不聚的好。比如那花开时令人爱慕，谢时则增惆怅，所以倒是不开的好。"俗话说，"千里搭长棚，天下没有不散的筵席"，热闹只是短暂的，而冷清却是常态，所以林黛玉对于欢聚有着一种抵拒的态度。人生就是这样，欢乐之时少，而悲苦之日多。

人们这种痛苦的感受其实并不仅仅是时间长短造成的，更主要的是心理原因——对于悲苦，人们有着更为强烈的感受；而对于欢乐，虽然一时的感触也会很深，但总是不如痛苦所留下的印痕那样深。人似乎天然地具有咀嚼痛苦的偏好，而且这种心理取向是不由自主的。虽然每个人都不喜欢去回味痛苦，可是偏偏痛苦的情景会经常地浮现于脑际，给自己带来深深的困扰。

陆游与表妹唐婉彼此深爱，但不幸被母亲拆散。此后，两人只在沈园见过一次面，不久之后唐婉即郁郁而终，而这也给陆游留下了无尽的伤感，直到晚年也不能有丝毫的忘怀，曾经多次作诗来表达心中的这份苦楚："梦断香销四十年，沈园柳老不飞绵。此身行作稽山土，犹吊遗踪一泫然。"读来令人万分感慨。而南唐后主李煜在被俘之后也久久地沉湎于亡国之痛，极其悲恸地吟唱着："多少恨，昨夜梦魂中……"

还有祥林嫂，她的后半生几乎一直沉浸在失子之痛中。难道她的人生真的就没有一点快乐可回忆吗？当然不是。而是那痛苦实在不容易让她忘记，渐渐地她竟忘记了还有快乐这种感受。

重视痛苦情绪的消极影响

要重视痛苦情绪对人的心理可能产生的严重的消极影响，一旦经历了重大的痛苦事件，应当及时进行心理疏导，以缓解其引起的不良心理反应。

例如，发生重大的地震灾害之后人们会对受灾的人施以心理救援，避免当事人心中的忧伤引发心理问题。

在家庭和学校教育中，也要避免会给孩子的心理造成较大程度伤害的事件发生。典型的例子就是家庭暴力。

孩子在遭受了痛苦的惩罚之后，往往会产生怨恨的心理，这对其身心的成长是极为不利的，严重的话甚至会阻碍孩子形成健全的人格。

通过这些事例可以看出，强烈的痛苦情绪是会影响人的终生的，而却很少有人能够把某件乐事记一辈子。这就是快乐不对称定律。

快乐和痛苦如此不对称，那是不是就意味着要一味地沉沦于痛苦之中呢？像祥林嫂一样，在痛苦中变成一个怨妇？当然不能。既然我们无法回避不开心和痛苦的事，那么让自己在经历这些伤心和痛苦后尽快开心起来就是非常重要的了。

这其实也是快乐不对称定律给我们的启示。真正的快乐其实正是源自于对痛苦的领悟，没有痛苦我们也无从体会快乐。我们只有正确地面对痛苦，理智地剖析它，肯定应该肯定的，否定应该否定的，只有这样我们才能学会放弃，才懂得珍惜，才能记住该记的，忘记该忘记的，才能让痛苦成为人生的一种财富、一段经历、一份回忆、一种领悟。

"孤独综合征" 正在流行

当一个人独处的时候，往往会感到孤独，可是，当自己与他人共处的时候，也未必就不会孤独。因为孤独更重要的不是指一种客观的生活状态，而是指一种主观的心理感受。置身繁华之中，心中或未能免于凄凉；而茕茕只影，心里也并非就一定是落寞的；长期在一起，甚至有着亲密的身体接触，可心灵无法沟通，造成的孤独感更强。

就本质而言，孤独是一种因为无法与他人展开正常的思想交流而产生的苦闷，是一种因为得不到他人对自己内心世界的深入理解而产生的困惑。因为这样的苦闷和困惑，会让自己觉得在心灵的境地中，只有一个孤零零的身影，没有人理会，自己也寻找不到其他的人为伴。

这一点在城市人群中更加明显。在拥挤不堪的都市、无处不在的生存和竞争压力以及人际关系的日渐淡漠中，无论是青少年、老人、事业成功的白领，还是普通外来务工人员，都面临被"孤独综合征"席卷的危险，个性变得孤僻消极。现代都市的拥挤、社会竞争的加剧、生存压力的加大以及信息的泛滥、戴着面具的职业角色以及单门独户、封闭的现代居住方式等是诱发孤独综合征的根本原因。

孤独综合征症状的个体差异性很大，但通常都会在孤独感产生后出现情绪低落、忧郁、焦虑、失眠等不健康状态。不过，有一点需要澄清，就是孤独综合征不同于孤独症，前者是因孤独而产生的心理综合征，后者被医学和教育界认为是一种精神残疾的心理疾病，也叫作自闭症。孤独综合征其实和自闭症是完全不同的两个概念，所以，城市孤独者们不管多孤独都不必怀疑自己患上了孤独症，心理综合征只要稍加调节就会恢复正常的，这就需要我们对孤独有一个正确的认识。

事实上，一个人的内心深处是很难被另外的人所真正理解

如何缓解孤独

孤独是每个人都会面对的情况，那么该怎么样缓解自己孤独的情绪呢？

主动地寻求与朋友多交往的机会，令自己寂寞的心情得到相当程度的缓解。

学会移情，将注意力转移开来，比如说培养一些积极的爱好，给生活中多增添一些乐趣。

学会享受孤独，充分地利用孤独的时机认真地反省一下自己的生活，从中品味出思考的快乐。

的，而且人的精神世界越丰富就越是如此。常言道，人生得一知己足矣。所谓知己，也就是超越了那些泛泛的表面的了解而能够潜入深处真正感知到自己心灵的人。这对于常人，或许还不难寻到，可是如果一个人的心地颇为渊深，那就不容易逢到知己了。俞伯牙摔琴谢知音，讲的就是这个道理。知音已无，自己高妙的琴声又有谁能够欣赏？既然连能够领会其妙处的人都没有了，那么自己抚琴又给谁听，又还有什么意义呢？

在《庄子》一书中有这样一则故事，楚国都城郢有两个匠人，一次在做活的时候，有一滴泥浆落在了一个匠人的鼻子上，他要用手去拂掉，可是另一个匠人却说："让我来帮你。"说完他就举起斧子飞快地落下，再一看，泥浆被削得一点儿都不见了，可是鼻子却丝毫都没有受伤。后来有人令他再表演一次这样神奇的技术，可是他却说："我固然还有这样的技术，可是我的对手已经不在了，所以是无法进行表演的。"也就是说，另一方只有对他怀有充分的信任才会很好地配合，任凭多么锋利的斧子削下来，都会毫无惧意而纹丝不动，所以两人能够合作得如此完美。试想，如果对方怀疑他会不会削伤自己的鼻子而乱动起来，而持斧的人却是按照原来的位置削下去，那么，结果或者是没有把泥削掉，或者削掉的也就不仅仅是泥巴了。他们之间之所以能够产生这种信任，是因为他们彼此深深地相知。

孤独是人们经常会面对的一种情境，它的滋味是苦涩的，因而绝大多数的人都排斥孤独，但是很少有人能够完全避免孤独。

人们更需要做的是，如何与孤独"和平地"相处——正视孤独，尤其当自身遭遇了某种不顺利的时候，要知道孤独尽管可能带来一时的悲观，但决不意味着长久的绝望。

为什么用牙齿咬住一支铅笔能让人感觉更快乐

在日常生活中，当我们内心经历某种情绪或情感变化时，总是以一定的行为表现出来。比如，高兴的时候，我们会笑；伤心的时候，我们会哭；生气的时候，我们会发火；对某种意见表示同意的时候会点头；表示反对的时候会摇头，等等。这些都说明，根据我们情绪的变化，就可以预测出我们的行为。本体心理学的观点则认为，让人们以某种方式行动，他们同样也会感受到相应的情绪。比如，让一个人微笑，他就会感觉到快乐。这一说法已经得到相关研究的证实。

在研究中，有两组参与者共同参与到实验中。研究者要求其中一组参与者紧皱眉头，而另一组参与者面带微笑。虽然这只是一个简单的对面部表情的控制，但是却对两组参与者的情绪产生了很大的影响。与紧皱眉头的参与者相比，被要求面带微笑的那一组参与者称自己感受到了更多的快乐。

这对那些苦苦寻找快乐的人来说似乎是一个不错的启示，如果想获得快乐，可以尝试着多微笑。虽然我们常常是在感到快乐时才微笑，但是微笑同样也能让我们感受到快乐，即使我们自己没有意识到，但是这种效果的确是很明显的。

在另外一项研究中，要求参与者观看大屏幕上闪现的并且不断移动的不同的产品，这些产品有的是垂直移动的，有的是水平移动的，参与者在观看的时候要说出他们是否喜欢这些产品。研究结果表明，与水平移动的产品相比，参与者更喜欢垂直移动的产品。研究者们认为，参与者在无意识中把垂直移动的产品与点头的动作联系起来，将水平移动的产品与摇头的动作联系起来。这说明点头和赞许、认同等正面的情绪相联系，而摇头和否定、不乐意等负面的情绪相联系。因此，在观看垂直移动的产品时，观看者就会无意识地点头，从而体会到的是一种比较快乐的情绪；而观看水平移动的产品时，他们会无意识地和摇头的动作相联系，内心自然也体会不到快乐的情绪。

在20世纪80年代，有人进行了一项比较有意思的研究，研究发现，仅仅用牙齿咬住一支铅笔就能让人体验到快乐的情绪。研究中同样有两组被试者，研究者要求其中的一组被试者用牙齿咬住一支铅笔，但是必须保证铅笔碰不到嘴唇；而另外一组参与者则被要求仅仅用嘴唇含住铅笔，但是要保证铅笔不会碰到牙齿。同时，两组的参与者都要对一部喜剧卡通片进行评价，并进行相应的打分以表示他们从这部卡通片中所感受到的快乐程度。有趣的是，用牙齿咬住铅笔的参与者，其面部肌肉处于微笑的状态；而用嘴唇含住铅笔的参与者，其面部表情是紧皱着眉头。研究结果也证实，参与者的面部表情和他们内心体验到的情绪是一致的，即那些用牙齿咬住铅笔而被迫使面部表情进入微笑状态的参与者比那些仅仅用嘴唇含住铅笔而不自觉皱眉的参与者体验到更多的快乐，而且对戏剧卡通片的评价也更高，认为它能诱发更多的快乐。其他的研究也表明，快乐的行为能引发一系列的连锁反应，它不仅让人们能够体验到快乐的心境，同时也能让人们以更积极乐观的心态去对待生活，回想生活中那些让你快乐的事。即使这种快乐的行为停止，快乐的心境并不会立即消失，就像微笑虽然停止了，但是快乐仍会通过我们行为的很多方面继续对我们产生影响一样。

快乐之道其实很简单，我们完全不必大伤脑筋苦苦追寻，只需每天快乐一点地生活，久而久之，我们就会成为一个真正快乐的人。

第四章

行为心理学：人们为什么愿意为他们喜欢的人做事

人为什么要赶时髦

人为什么要赶时髦呢?

"时尚"又称流行,是指在一定时期内,在社会上或某一群体中普遍流行的,并被大多人所仿效的生活方式或行为模式。所谓的"赶时髦"也就是追赶流行趋势。时尚体现的范围非常广,几乎遍及我们生活的全部,既包括衣食住行等物质生活方面,也包括文化娱乐等精神生活方面。某一种服饰的流行,大家狂热喜欢超女、快男等偶像,都是时尚现象的体现。这些行为既是群众行为,也是普遍的社会心理现象,不具有社会强制力。

时尚可以由上而下传导,比如时装发布会发布最新流行趋势,然后在社会上流行开来;也可以自下而上传导,先由社会上的普通群众开始,然后成为上层社会人士追崇的流行趋势。当然,时尚也可以在社会各群体之间横向传导,通过媒体得到广泛传播。

人类的心理常常是矛盾的,既要求同于人,又要求异于人。当某一项目开始流行的时候,我们为了标新而追求流行;当该项目流行一段时间,我们又产生厌弃心理,开始追求另一些更时髦更新颖的事物,于是,新一轮流行开始。

当然,准确把握人们追赶时髦的心理,对商品生产、调节市场需求、引导人们的消费习惯等是非常有益的。以时装行业为例,设计师如果具有敏锐的流行触觉,了解最新的流行趋势,就

追求时尚的心理

人们为什么会追求时尚呢？很大程度上是为了满足心理上的种种需求。

> 以前的都不流行了，这些都是今年的新款！

> 你有那么多衣服，干吗还买？

首先能满足我们的求新欲望

人类本能地具有渴望新鲜事物、厌弃陈旧事物的心理倾向。

> 大家都在看这款新鞋，我也得买一双。

赶时髦的行为是一种从众行为

为了和群体中的其他人保持一致，避免被孤立。

> 穿得可真有个性。

> 我就是要与众不同。

为了自我防御和自我展示

认为追求流行和时尚能消除自己的自卑感，或者展示自己个性，增添自己的魅力。

能设计出畅销的衣服，引领新的流行时尚。而就我们普通消费者的角度来说，最好不要盲目追赶潮流，因为潮流是转瞬即逝的，它只是某一段时间内的社会现象，如果不具备一定经济实力的话，赶时髦着实是一件"劳民伤财"的事情。

情人眼里为什么会出西施

在物理学上，热水快速冻结现象被称为"姆潘巴现象"，也称"姆佩巴效应"。姆潘巴现象是对我们大脑中的常识的颠覆，热水怎么可能先结冰呢？然而不可靠的姆潘巴现象竟然被人们当作真理认同了40多年。

姆潘巴现象是以埃拉斯托·姆潘巴的名字命名的。1963年的一天，姆潘巴发现自己放在电冰箱冷冻室里的热牛奶比其他同学的冷牛奶先结冰。这令他大为不解，于是，他立刻跑到老师那向老师请教。老师却很轻易地说："肯定是你搞错了，姆潘巴。"姆潘巴不服气，又做了一次试验，结果还是热牛奶比冷牛奶先结冰。

某天，达累斯萨拉姆大学物理系主任奥斯玻恩博士到姆潘巴所在的学校访问。姆潘巴就鼓足勇气向博士提出了他的问题。奥斯玻恩博士回答说："我不能马上回答你的问题，不过我保证等我一回到达累斯萨拉姆就亲自做这个实验。"结果，博士的实验和姆潘巴说的一样。于是，人们就把热牛奶比冷牛奶先结冰的现象称为"姆潘巴现象"。

2004年，上海向明中学一女生庾顺禧对这一现象提出了质疑。在科技名师黄曾新的指导下，庾顺禧和另外两名女生开始研究姆潘巴现象。她们利用糖、清水、牛奶、淀粉、冰激凌等多种材料，采用先进的多点自动测温记录仪，在记录了上万个数据后进行多因素分析，最后得出结论：在同质同量同外部温度环境的情况下，热液体比冷液体先结冰是不可能的，并提出了引起误解的三种可能。

为什么一个不存在的现象竟然被人们作为真理认同了40多年，而没有人对它提出质疑？这就是光环效应的作用。光环效应，又称晕轮效应，是指人们对事物的某种品性或特质有强烈的自我知觉，印象比较深刻、突出，这种感觉就像月晕形式的光环一样，向周围弥漫、扩散，影响了对事物的其他品质或特点的认识和判断。

人们之所以坚信姆潘巴现象存在，就是源于对专家的良好印象。在这种印象的影响下，人们对姆潘巴现象的存在深信不疑——因为这个结论是物理学家给出的，他是物理学家，结论肯定就是正确的。

光环效应其实是一种认知偏差，是一种以偏概全的评价。我们可以把光环效应通俗地称为"情人眼中出西施"。

在现实生活中，光环效应随处可见。热恋中的姑娘和小伙子，受光环效应的影响，双方就会被理想化——姑娘变成了人间的仙女，小伙子变成了白马王子；当老师对某个学生有好感时，会觉得这个学生什么都好；等等。

见到有困难的人，为什么不愿出手相救

某日午夜，在美国纽约郊外某公寓前，一位妇女在结束酒吧工作回家的路上遭到歹徒袭击。当时她绝望地喊叫："有人要杀人啦！救命！救命！"听到叫喊声，附近居民都亮起了灯，打开了窗户，凶手吓跑了。当一切恢复平静后，凶手又返回作案。当她又喊叫时，附近的居民又亮起了灯，凶手逃跑了。当她认为已经无事，回到自己家楼上时，凶手又一次出现在她面前，将她杀死在楼梯上。在这个过程中，尽管她大声呼救，她的邻居中至少有38位听到呼救声到窗前观看，但无一人来救她，甚至无一人打电话报警。当时这件事引起纽约社会的轰动，也引起了社会心理学工作者的思考。

为什么人们会如此冷漠，见死不救呢？心理学家将这种有众多旁观者在场却见死不救的现象称为责任分散现象，也叫旁观者现象。他们认为，恰恰是因为旁观者在场，削弱了人们的助人行为。在某个需要帮助的情境，如果单个个体在场，他会有很强的责任感，会积极做出助人行为，而旁观者越多，助人行为越少。这是因为我们都希望能少担一点责任，心里想着即使自己不出手相助，也应该会有人会伸出援手，从而导致责任的分散——如果只有1个旁观者，他助人的责任是100%；2个旁观者在场，每个人就承担50%的责任；如果有10个旁观者，每个人就只承担10%的责任。每个人都减少了帮助的责任，而个体却不清楚自己到底要不要采取行动，就很容易等待别人提供帮助或互相推托。

心理学家约翰·巴利和比博·拉塔内的实验证明了旁观者现象的存在。他们让72名不明真相的参与者分别以一对一和四对一的方式与一个假扮的癫痫病患者保持距离，并利用对讲机讲话，在通话过程中，假扮的癫痫症患者会忽然大喊救命。这时观察参与者会作何反应。他们事先知道自己是一对一还是四对一的形式。事后统计结果显示：一对一通话组，有85%的人冲出工作间去报告病人发病；而四对一通话组只有31%的人采取了行动！

和成人的这种心理相反，儿童的助人行为却因为有其他人在场而增加了。心理学家斯陶布发现，儿童单独在场时，只有31.8%会出现助人行为，而两人在场时，上升至61.8%。这可能是因为其他人的在场减少了儿童的恐惧感，从而做出助人的行为。

除了责任分散这个重要因素之外，还有其他一些因素也影响了人们的助人行为。比如说，榜样的作用。旁观者的在场除了能使人们感到责任分散、犹豫不决外，也能起榜样的作用。熙熙攘攘的大街上，此时有一个陌生人突然发病，如果有一个人即时出手相助，并拨打120急救电话，其他路人肯定也会停下脚步，给予帮助。另外，情境的模糊性也会影响人们的助人行为——个体

影响助人行为的外部因素

　　心理学家们发现，一些外部因素诸如天气，社区大小，被助人的特点、性别等都能影响助人行为。

　　微风拂面的晚上，司机愿意让人搭顺风车；风雨交加的晚上，他们赶着回家而无暇顾及他人。

　　小城镇的人生活节奏慢，比起匆匆忙忙的都市人群，更愿意表现自己的爱心。

　　而那些看起来弱小、善良、有吸引力的人，更能得到他人的帮助，尤其是漂亮的女性。

　　由此可见，人们不愿意出手相助并不能简单地归结于道德的沦丧、人性的冷漠，因为影响我们助人行为的因素很多。

不确定发生了什么事，是不是需要自己提供帮助的时候，往往会退缩。如一项实验中，一个油漆工人站在梯子上，他的正上方是一幅巨大的广告牌，被试者能透过窗户看到这名工人。不久之后，被试者都听到重物落下的巨大声响，跑出来一看，发现是广告牌掉落了，只有29%的被试跑过去帮助他。但是在另一情景中，油漆工呼唤大家去帮助他，这时有81%的被试者会出手相助。可见，减少情境的模糊性，能增加助人行为。

人为什么喜欢跟风

2010年伊始，一部好莱坞大片《阿凡达》彻底点燃了影迷的热情。全国各地的影院都爆满，排队买《阿凡达》电影票已经成为众白领的"心头大事"。而且影迷们的追求不满足于2D、3D版《阿凡达》，都想一睹IMAX3D版的风采。因为上海和平影都是长三角地区唯一可看IMAX3D版《阿凡达》的影院，各路影迷几乎要将和平影都"吃掉"，疯狂的影迷甚至凌晨四五点就赶到影院排队——在春节还有一个多月到来之际，一部《阿凡达》却一不小心预演了"春运购票潮"。有影迷表示："人家都说IMAX3D版好看，我们当然想看了，不看是件多没面子的事儿啊。要不人家问起来，都不知道和人家聊什么，现在满城都在谈论《阿凡达》。"甚至，有影迷为了一睹IMAX3D版《阿凡达》的风采，跨城市看片，从各地奔赴上海。由于大家的蜂拥追捧，票价也水涨船高，甚至一票难求。

这个现象反映了人们这样一种心理：别人都看了，我不看岂不是很没有面子，这就是乐队车效应。"乐队车效应"这个词最早来自于经济学领域，由著名的经济学家凯恩斯提出，他将经济繁荣时推动资产价格上升的现象描述成乐队车效应。

生活中的乐队车效应随处可见。一种本来不好吃的东西，如果大家都说好吃，你可能也就跟着附和了；一首感觉平平的歌，大家都说好听，你可能也会忍不住称赞它。就好像是小时候玩游戏时要选择队伍，我们都会选择能赢的一方。商家的炒作就是根据人们的这种心态来进行的，集中宣传某种产品，制造很火爆的场面，吸引消费者捧场。

与乐队车效应相对应的还有一种心理效应，即支持弱者效应——人之初，性本善，人性善论者认为同情弱者是人的本能。生活中，同情弱者也是一种较为普遍的心态。比如，同情贫困地区的孩子，所以我们有希望工程；同情地震灾民，所以我们积极捐款捐物；同情街头的乞讨者，所以我们忍不住驻足关心。同情心是自我感受的一部分，人有把他人的感受想象成自己经受时的情况，而且感同身受的程度因人而异，有些人很容易被感动，有些人则不容易。看电视的时候，有些人常常因为故事情节、人物的悲惨遭遇而感动落泪，有些人却毫无感觉。

人性恶论的观点则认为我们同情弱者的心理不是与生俱来

"乐队车效应"

"乐队车效应"是由著名的经济学家凯恩斯提出，是用来解释经济现象的。

现在大家都在投钱，我们也不能落后啊。

当经济的繁荣推动股价上升时，跟风的投资者们开始一窝蜂拥入股市，促使股市的行情飙升。

哎呀，全赔了！

最后，股票的价格上升到一个无法控制的地步，股票市场预期发生逆转，导致价格崩溃，股市崩盘。

你知道是干什么的吗？

XX 宣传

就像队伍游行时开在最前面、载着演奏乐队的汽车，在它的带领下，人们情绪激昂，不由自主地跟着队伍前进。

我也不知道，大家都跟着走，我就也跟着了。

而或许一开始你并不想参与这个游行，只是看着很多人在跟着走，你也就走了，或者你根本不知道发生了什么！

的，他们反对人性本善的说法，认为人的本性是自私的，同情弱者只是发现他们比我们弱，无法对我们造成危险，所以才同情。而一旦他们变强了，就会停止救助。尽管这两种观点从完全不同的角度阐述了我们同情弱者行为的本质，但不管怎样，面对一个落后的人，我们还是会忍不住为他加油鼓劲。

那么，面对这两种心理效应，人们是如何表现的呢？一般情况下，人们会根据自己的需要，灵活使用乐队车效应和支持弱者效应。在涉及自身利益的时候，多会表现乐队车效应，站在有利于自己的一边，这样不仅可以获得心理上的满足感，还能得到利益。对与自己无关的事情，会产生支持弱者效应，站在弱者的一边。

但是不能盲目跟风，产生乐队车效应的时候，应该停下来，仔细思考一下，这是不是自己真的需要的，真的与自己的能力相符，不能因为面子而跟风。

人们为什么愿意为他们喜欢的人做事

战国第一名将吴起有一次率领魏军攻打中山国。他巡视军营的时候发现有一个士兵身上长了毒疮，疼痛难忍，吴起毫不犹豫地俯下身子，为这位士兵将毒疮里的脓血一口一口吸出来。事情传到这位士兵母亲的耳朵里，她大哭不止。旁人问她："你儿子只是一名普通士兵，将军为他吸脓血，本该是一件光荣的事情啊，为什么要哭呢？"他母亲回答："你有所不知。几年前吴将军也为他父亲吸过脓血，结果他父亲临死也不退缩，最后战死沙场。如今又为他吸，真不知道他要死在哪里了。"正是因为有对下属的一片真心，吴起的军队战无不胜，攻无不克，最终成功拿下很多战役。

人们总是愿意为他们喜欢的人做事。故事里的父子就是这样，吴起是他们爱戴的将领，所以，他们为了吴起愿意赴汤蹈火，甚至献出自己的生命。

最早提出这个理论的是美国管理学家瑟夫·吉尔伯特，他认为每个人都愿意为自己中意的人做事，而且往往会任劳任怨，不计较得失。

这就是心理学上的所谓"喜欢原则"。我们总有一种倾向，愿意去帮助那些自己喜欢的人，同时也赞同他们的观点。一般来说，人们在知道有人喜欢自己之后，会产生一种强烈的心理压力，要去回报他人的喜欢。正是出于这种心理，我们会不自觉地心甘情愿为喜欢的人做事。谈恋爱的时候，男生为了心爱的女友鞍前马后，乐此不疲；工作的时候，因为上司的一句称赞，加班加点而不觉辛苦，都是出于对喜欢的回报心理。

美国著名女企业家玫琳凯曾说过："世界上有两件东西比金钱更为人们所需——认可与赞美。"也就是说，金钱不是万能的，人心所向才是成功的关键，适当的赞美和认可，能弥补金钱的不足。

根据马斯洛的需要层次理论来看，生理和安全需要只是最基本的需要，尊重和自我实现才是我们所最终追求的高级需求，每一个人都有强烈的自尊感，也渴望被尊重、被认可。有一个小伙子在公司里干的是最不起眼的清洁工工作，有一次歹徒闯进公司试图抢劫，只有他不顾一切和歹徒殊死搏斗。事后被问起原因，他的答案平淡无奇却又发人深省："因为董事长总夸我地扫得很干净。"就是这么一句简简单单的话，却有如此大的力量，能让这位小伙子忘了危险，拼命搏斗。领导对下属的一句真诚赞美，就能使他们得到莫大的满足，最大限度地激发他们的潜力，让他们努力工作。这比任何物质奖励都更让人激动。

那些外表美丽的人能赢得他人的喜欢，所以，人们总是对美女很偏爱。可是，如果一个人的言行举止给他人传递的全是善意，时时刻刻为他人着想，时时刻刻关心、宽容他人，这样的人会比美女更受大家的喜爱。你可以发现，那些有很多朋友、受大家喜爱的人，都不是自私、自我的，他们能时刻照顾到朋友的感受，尊重、关心周围的人。这样的人，自然也会得到大家的关心和回报。

下级与上级之间也是一样。下级对上级领导的评价，除了他对下属的关心外，可能还包括他作为领袖的责任承担能力。一个敢作敢为、有担当的领导，能让下属产生信任感和凝聚力，下属也会积极承担起自己应承担的责任，让领导放心。领导表面上把责任揽在了自己身上，会承担一定的风险和损失，但实际上却能换来下属更强的信任感。

第五章

自我管理心理学：缺点不过是营养不足的优点

神奇的"想象"和"心理暗示"

想象和心理暗示是进行自我激励、自我管理的重要方式。经常对自己进行积极的心理暗示，以肯定的态度看待自己、别人和世界，我们就能让自己变得符合自己的想象，继而让别人和世界也符合你的想象。虽然有些心理暗示与事实并不相符，但是这并不妨碍它发挥作用。

古时候有巫婆和神汉给人治病的现象，他们在病人面前表演一番，弄一些香灰、神水、说几句咒语，就声称能把病治好。有不少人迷信巫婆的神药。之所以有人相信，是因为有的时候它真的好像奏效了。但是，这和香灰、神水、咒语没有关系，巫婆实际上运用了"引导想象"的方式来治病。巫婆通过各种手段让病人想象她的巫术是有效的，巫术"起作用"主要也是由于患者相信巫术可以治愈他的病。

现代医学使用的"安慰剂"起作用的原理与古老的巫术是一样的。一位女士得了一种怪病，遍访名医也没有治愈。一位非常有名的医生来到女士所在的城市，她慕名前去看病。名医查明病情之后，给她开了药，并告诉她："这药是从美国带回来的，专门治你这种病。"女士高兴地买了药，经过几个疗程之后，真的康复了。其实，医生给她的药只是普通的维生素 C，她的病需要的只是良性的暗示和积极的想象。

医学试验表明安慰剂能够达到真正药剂的某些作用，当医生

什么情况下适合想象和心理暗示

　　想象和心理暗示可以帮助我们实现目标，获得成功。在以下几种情况运用想象和暗示可以给我们带来很好的效果：

任务

　　1.当你接到一项艰巨的任务时，想象自己克服困难、解决难题之后的情景，可以让你调动起所有的能量。

　　2.在努力的过程中，要把目标具体化、视觉化，贴在视线的右前方。让目标不断在意识中强化，带动潜意识帮助我们实现。

目标！
一年内升为主管！

　　3.当我们不自信的时候，要通过想象模拟成功，或想象自己的优势。这种想象可以激发潜能，让自己充满激情和信心。

和病人都相信安慰剂有效时，效果更加明显。

因此，暗示的内容与实际情况是否一致并不重要，重要的是全世界成千上万的人已经发现，基于这些心理暗示的行动会奏效。事实上，这些心理暗示很可能是情感智商背后的最大秘密。一旦你开始应用这些心理暗示，就会发现它们能激发你的潜能。

现在试用一下积极的想象和心理暗示，看看它们会给我们带来什么。很多心理暗示就像巫师的语言，它遵循伦纳德·欧尔定律："思想者想什么，证明者就证明什么。"

美国心理学家凯文曾做过这样一个试验。他请一位化学老师在课堂上把他介绍给学生们，他的身份变为化学博士。老师对学生们说："这位化学博士正在研制一种药物。这种药物无色无味，挥发性极强，吸入这种气体对人体有保健作用。但是它有一个缺点，就是在刚刚吸入的时候会让人感到头晕。""博士"拿着一瓶液体在每位同学面前晃了一下，然后问学生们："觉得头晕的同学请举手。"不少同学把手举起来。事实上，所谓"化学药物"只是一瓶自来水。

成功学大师陈安之有过这样一次经历：他想买一辆汽车——奔驰S320，但是当时根本买不起。于是，他把那辆汽车的图片贴在书桌前面，激励自己努力挣钱买到它。后来觉得这辆车有点贵，很难实现这个愿望，就把图片换成了奔驰E230。

要想实现目标必须付出行动，为了得到自己想要的汽车，他努力工作，几个月之后，他的收入大增。当他挣到足够多的钱时，决定去买汽车了。在购买的前一天，他碰巧看到了他的学生，得知他们也要买汽车——奔驰E280。陈安之觉得自己不能输给学生，临时决定买奔驰S320。这个戏剧性的变化，竟然使他实现了最初的目标。

人们头脑中的意识会有一种"心理导向效应"，即人的内心都会有一种强烈的接受外界暗示的愿望，并让自己的行为受其影响。如果我们每天要对自己大声地说赞扬的话语，并在内心确信自己确实如此，那么，我们就会跟着变得更积极，更有精力。

缺点不过是营养不足的优点

"缺点不过是营养不足的优点"，是奥地利心理学家阿德勒的一句名言。

阿德勒生于维也纳的一个富裕的商人家庭，全家人都有着很高的文化和艺术修养，可是他的童年却并不快乐。原因在于自己具有驼背的缺陷，行动不是那么方便，加之他有一个身体正常的哥哥，两人在一起的时候，哥哥的表现处处比他优越，这使得幼小的阿德勒产生了强烈的自卑感。但是阿德勒没有为这种自卑所束缚，而是通过自己的努力，在心理学领域展现了卓越的才华，完成了对于自卑的补偿和超越。

阿德勒的人生可以说对他那句名言作了最好的诠释：在某一

种角度看来是缺点的特质，从另一个角度去看也许是优点，一种事物总是存在着它的对立面，只不过两方面有着轻重之别，所以才产生了优劣之分。比如说鲁莽，是一种缺点，而勇敢则是一种优点，当然，鲁莽与勇敢之间不能够画等号，两者是有着很大差别的；但不可否认的是，两者之间有着很大的联系，一个鲁莽的人，常常是具备勇敢的长处的。《三国演义》里的张飞是一个鲁莽的人，可是他的勇武也是值得称赞的。

一个人在对待自身缺点的时候，是可以从另一个角度来进行补偿的。每一个人都有着某方面的缺点，而且少数人对自身所具有的某种缺点有着极为强烈的感受，于是会付出一种强大的主观力量去补偿，而这往往造就了他们不凡的成功。

补偿作用的发挥可以分为两种，一种是正面补偿，也就是令自己的短处转变为长处。古希腊的戴蒙斯赛因斯患有口吃，可是他却矢志要成为一名演说家。经过长期的艰苦练习，终于如愿以偿，不仅克服了口吃，而且辩才远远超越了常人。戴蒙斯赛因斯就是要克服掉口吃的缺点，所以在口吃这件事本身上下功夫，才成就了自己。

另一种是侧面补偿，也就是绕过自身的缺点，从其他方面来进行补偿。罗斯福在 1921 年不幸患上了脊髓灰质炎，落下了终身的残疾，但是这并没有令他放弃奋争进取的信念，此后，凭借自己顽强的努力和出色的政绩，于 1932 年的竞选中战胜胡佛，成为美国第三十二任总统，并且连任四届。罗斯福以自己杰出的

84

政治业绩被看作美国历史上最伟大的总统之一。这说明，缺陷并不能够阻止一个人前进的步伐，很多时候反而会令一个人为了克服它、超越它而付出更多的努力，从而获得更大的成功，这就是力量强大的补偿作用。

罗斯福对自己所进行的补偿不是令肢体能力超越常人，而是积极地锤炼出自己卓越的政治才能。

自卑是成功的阻力

自卑，就是一种消极的自我评价和自我意识，自己瞧不起自己，总是拿自己的弱点与别人的长处去比较，总觉得自己不如人，在人面前自惭形秽，从而丧失信心，悲观失望。

每个人的潜意识里都存在着自卑感，就连那些很成功的大人物也不例外。美国斯坦福大学的心理学家通过对1万多人的抽样调查结果进行研究发现，有40%的人有不同程度的害羞心理，并且男女比例基本持平。这说明，害怕、自卑心理不同程度地存在于每个人身上，人们的潜意识里都存在着自卑感，自卑使人产生对优越的渴望。

既然人人都有或多或少的自卑意识，如何看待自卑就十分重要了。有些人感到自卑的时候，他们能够自觉地激励自己发奋图强，克服自身的缺点和不足，积极发挥自己的主动性，获得成功，成功之后，他们的自信心就会增强。

相反，如果对自卑不能正确认识，处理不好，自卑就很容易销蚀人的斗志，就像一把潮湿的稻草，再也燃烧不起自信的火花。而长期被自卑笼罩的人，就很难取得成功。

1951 年，英国女科学家弗兰克林从自己拍的极为清晰的 DNA 的 X 射线衍射照片上，发现了 DNA 的螺旋结构，为此还专门举行了一场报告会。然而生性自卑多疑的弗兰克林，总是怀疑自己论点的可靠性，后来竟然主动放弃了自己先前的假说。令弗兰克林意外的是，就在两年之后，沃森和克里克也从照片上发现了 DNA 分子结构，并且提出了 DNA 的双螺旋结构的假说。这一假说标志着生物时代的开端，他们两人因此获得 1962 年的诺贝尔医学奖。

如果弗兰克林是个对自己很有信心的人，相信自己的发现，坚持自己的假说，并继续进行深入的研究，那么这一具有里程碑意义的发现就将永远记在她的名下。

自卑是成功的阻力，只有战胜自卑，我们才能到达成功的彼岸。战胜自卑的过程就是逐步战胜自我的过程。贝利作为现代足球界的王者，也并不是从一开始就潇洒自信。当他要加入巴西最著名的桑托斯足球队时，竟然紧张得一夜睡不着觉。他总是这样想：那里的优秀球员太多了，到了那里，他们有可能会用他们优异的球技来衬托我的愚蠢，从而会嘲笑我，看不起我。可是到了第二天上场训练的时候，第一场球教练就让他当主力中锋。

产生自卑的原因

　　自卑情绪是后天形成的，是自己跟自己"较劲"的结果，当然也受外界的影响。产生自卑情绪的原因，主要有以下几个方面：

你倒是说句话啊，怎么这么不爱说话啊？

再不好好干，以后就不用来了！

你说你干什么能干好？

你看看你这么胖也不减减肥！

性格或心理上的问题

　　性格比较内向，自尊心又很强的人，容易因一时的失败而灰心丧气，产生自卑心理。

别人贬抑性的评价

　　如果总是听到别人对自己贬抑性的评价，就会认为自己真的很糟糕，从而产生自卑心理。

我不行，我真的不行。

振作起来，赶紧上来呀。

经历了挫折和失败

　　在实践中经常遭受挫折和失败，以致不能正确认识自己，这是自卑感产生的根本原因。

刚上场时，他的双腿都不知往哪个方向跑了，但是渐渐地，他发现了自己的长处，自己的球技十分好，即便是在大牌球星面前也可以拼一拼，于是，他有了自信。从此一上球场，他就这样对自己说："我是在踢球，不管对手是谁，球星也好，木桩也好，我都必须绕过他，射门，进球。"

贝利战胜了自卑，发挥了自己的特长，最终成了世界级球王。

嫉妒是最让人痛苦的一种情绪

嫉妒是一种普遍的社会心理现象，是指自己的成就、名誉、地位或境遇被他人超越，或彼此距离缩短时，所产生的一种由羞愧、恼恨等组成的综合情绪。

《现代汉语词典》关于嫉妒（即忌妒）的解释是：对才能、名誉、地位或境遇等胜过自己的人心怀怨恨。因此，我们可以做出这样的判断：嫉妒心理的产生是差别和比较的产物，这种差别和比较的结果是心理极端不平衡，并且这种不平衡还会与不满、怨恨、烦恼、恐惧等消极情绪联结起来，一边折磨嫉妒者，一边尽可能地或者是不择手段地摧毁被嫉妒者的一切优点。

芸芸众生中，嫉妒的内容各不相同，有针对名誉、地位的，有针对钱财、爱情的，最严重的一种是：只要是别人有的，都在嫉妒之内。而由内容推演出的嫉妒的表现形式就更为千姿百态了。

最激烈的嫉妒心理会令人表现出很强的攻击性，他们往往不看别人的优点、长处，而总是挑剔别人的毛病，甚至不惜颠倒黑白、弄虚作假。

还有一种产生于同一时代、同一部门的同一水平的人中间的嫉妒心理，这种嫉妒心理表现出很明显的指向性。原因很简单，就是因为曾经"平起平坐"过，或是曾经"不如自己"过，如今成了"能干"者，从而使嫉妒者产生抵触和对抗。

不管是哪一类的嫉妒心理，都会伴随着一定的发泄性行为，或表现在言语上的冷嘲热讽，或表现在行为上的冷淡、疏远，抑或是攻击性更强的行为。

此外，还有一种很含蓄的嫉妒行为，也许是出于惧怕舆论和道德的谴责，这种嫉妒心理一般都不愿直接地表露出来，而是千方百计地伪装。如本来是嫉妒某人的某一方面，却不敢直言，故意拐弯抹角地从另一方面进行指责或攻击。

通过嫉妒的种种表现，我们完全可以得出这样一个结论：嫉妒心理是一种破坏性因素，对生活、学习、工作都会产生消极的影响。出于嫉妒，人就把自己置于一种心灵的地狱之中，折磨自己，折磨别人，但折磨来折磨去，被嫉妒者毛发无损，嫉妒者却洋相百出，落个"赔了夫人又折兵"的下场。最糟糕的是，还会伤及身体健康：妒火中烧而得不到适当的发泄时，内分泌就会失调，导致心血管或神经系统功能紊乱而影响身心健康；嫉妒心强的人易患心脏病，而且死亡率也高。此外，如头痛、胃痛、高血压等，易发生于嫉妒心强的人，并且药物的治疗效果也较差。

作为社会人，应该把目光放长远一些，不要过分计较一时的得失，不要把名声看得过重，摆脱以自我为中心的狭隘观念，潇洒地面对生活。一个人如果过高估计自己的能力，总有一种怀才不遇的心理，就会对别人的成就产生嫉妒。拥有一颗平常心，就不会产生强烈的心理落差了。把自己当成金子，常有被埋没的痛苦；而把自己当成铺路石，就会为有人踏过而欣喜。

在生活中，要看到别人取得的成就中蕴含着的辛苦和智慧，并从中受到鼓舞和教益，找出自己的问题和别人的差距，然后奋起直追，缩小差距。此外，还要注意充实自己的生活。如果我们工作、学习的节奏很紧张，生活过得很充实，就没有闲心去嫉妒别人了。

德国有一句谚语：好嫉妒的人会因为邻居的身体发福而越发憔悴。还有人说好嫉妒的人40岁的脸上就写满了50岁的沧桑。培根还说：嫉妒这恶魔总是在暗暗地、悄悄地毁掉人间的好东西。

伪装的自信不是真自信

有一位非常优秀的人，他一直很低落，也很沮丧。当有人问他为何如此时，他提到自己的一个"无关痛痒"的小毛病，那就是在任何情况下都要稍微夸大一下他的成就。如果他在一桩商业交易中获取 10 万元的利润，他就会告诉别人他赚了 10.5 万元。如果他在高尔夫球场打出了 76 杆，他就会告诉别人他打出了 78 杆。即使以大多数人的标准，他所取得的成就已经非常显著，他还是愿意把自己的成就再夸大一些，以使自己看起来更加成功。

这种现象被心理学家称为"对平凡的恐惧"。对于那些生活在恐惧之中而又试图找到自信的人来说，伪装成高高在上的样子就是自我保护的一种形式，是对脆弱并且伤痕累累的自我所做的最后保护。

19 世纪 70 年代，西方心理学家潜心研究出了当时非常著名的"自信之潮"现象，教授自信的课程在当时风靡一时。他们非常著名的观点就是"假装自信直至你真正做到自信为止"。殊不知，当伪装的自我处于上风时，事情往往会变得更糟糕。

伪装正是缺乏自信与自尊的表现。这就好比一个人整日戴着"自信"的面具，不能真实、充分地表现自己，结果就失去了证明自己、让别人了解自己的机会，长此以往，即使一个人有再多的潜力，由于总是伪装，就会对自己究竟是谁感到无所适从，这样不仅培养不起自信，原有的一点点自信也会动摇以致湮灭。

令人遗憾的是，有些人对这种现象没有进行积极的回应，去探索更加令人信服的方法，而是继续沉迷于此，甚至更加卖力地伪装自己。

无论何时，当人们开始伪装自己时，就会从态度和行为上刻意地表现自我，这是内心缺乏自信的一个信号。无论是古怪的着装，还是刻意的滔滔不绝，只不过是为了弥补对平凡的恐惧罢了。

更为糟糕的是，伪装自信的人不单单是努力建立自信，他们还试图让身边的人变得没有自信，从而表现出自己的高高在上。他们以自己的财富、名誉或是地位作为武器，强调智力上的优越感，来压制周围不如他们的人。他们把自信与傲慢无礼混淆在一起，他们也因此混淆了外在表现与内心力量的区别。他们很爱与不如自己的人交往，以此显示出自己的自信，甚至对不如自己的人傲慢无礼。结果，这些人会在伪装中失去了自我，在表现自己的时候走进了误区。他们往往为了追求不切实际的效果，简单照搬一些偶像人物的言谈举止，给人留下夸张、虚假的印象。这样不仅自己很累，给人的感觉也不好。

第六章

成功心理学：跳蚤为什么会自己给自己设限

为什么最好把你的目标公之于众

在不同的时期、不同的情况下，我们总是在为自己制定不同的目标，比如，这学期我要好好学习、从明天开始我要减肥，等等。在确定某一目标之后，人们通常会有两种表现，一种是不向任何人透露，内心坚守着自己的目标并默默地为之付出行动；另一种则是希望向所有的人宣布自己实现目标的决心。我们通常认为，第一种人实现自己目标的可能性更大，而第二种人更善于夸夸其谈。然而，事实并非如此。

心理学的研究表明，越是公开向别人表达自己的观点，宣布自己的目标，就越有利于坚持自己的观点和目标。但是，值得注意的是，只是单纯公开自己的目标是没有作用的，我们同样需要有坚强的意志，能够为了实现目标而不断地付出自己的努力，这样我们的目标才会离我们越来越近。

在一项经典的研究中，要求参与者在不同的条件下宣布自己的想法。实验任务就是要求他们判断画在黑板上的线段的长度。第一组的参与者只要在心里估计就行了，而第二组的参与者要将自己的估计写在纸上，并且要签上自己的名字，然后交给实验者。然后，两组的参与者被告知他们的估计可能有错，问他们是否要更改自己的判断。结果表明，将自己的判断公之于众的参与者更坚持自己的判断。另外的一些研究也得到了同样的结果，即将自己的目标告诉越多的人，就越有动力去实现它。

通常我们会认为，一旦制定了某一个目标之后，越少的人知道越好，这样也不会给自己造成太大的压力，即使不能实现别人也不会知道，自己的能力和水平也不必遭到别人的怀疑和鄙视。而恰恰正是因为这样，我们总喜欢将自己的目标隐藏在心中，不向别人提起，实际上这对于目标的实现毫无益处。

　　事实上，我们确立目标的目的就是实现它，因此，不妨将你的决心告诉家人、朋友，甚至是不相干的人，如果条件允许的话，你还可以将自己的决心以日志的形式写出来，或者把它贴在家中或办公室里很显眼的地方，让更多的人看到。这样为了不让别人笑话你是个夸夸其谈、只说不做的人，你就会为实现自己的目标而努力，同时你的家人和朋友也会监督你去实现目标，甚至是在你遇到困难的时候向你伸出援助之手。即使他们什么也不做，只是默默地陪在你身边，都可以帮助你提高成功的可能性。因为有研究表明，当有朋友的陪伴时，人们往往将任务估计得相对容易。来自英格兰普利茅斯大学的研究者们对这个问题进行了一系列的研究，他们把参与者带到一座山的脚下，要求他们对山的陡峭程度进行估计，同时还要估计爬上这座山的难度。结果表明，当有朋友陪伴时，参与者对山的陡峭程度的估计比自己单独一个人估计的时候要小，同时他们还说，只要想到有朋友的陪伴，他们觉得即使是非常陡峭的山坡，爬起来也不会觉得很困难。

启动自动成功的机制

进入信息时代，随着信息传播速度越来越快，我们面对的工作越来越繁重，需要应对的环境越来越复杂；加班的时间越来越多，休息的时间越来越少；讲究高效率，一个人要承担几个人的工作……在巨大的压力下，我们感到紧张、担忧、焦虑，伴随这些不良情绪而来的是失眠、胃溃疡、高血压、心脏病等疾病。

许多人之所以过度劳碌却达不到应有的办事效率，拼命努力却总有解决不完的问题，是因为他们企图通过有意识地思考去解决问题。有意识地思考问题，会让人变得过于小心，过度焦虑，对结果过于畏惧，这种状态会让人丧失行动力。试想一下，钢琴家如果有意识地想哪个手指应该放在哪个键上，恐怕他连一首最简单的曲子也弹不了。就好比我们试图把细线穿过针眼的时候，手会莫名其妙地抖动，越是全神贯注，抖得越厉害，越是穿不过去。这种现象在心理学领域称为"目的颤抖"。现代人就是太紧张，太在乎结果了，结果让自己焦躁不安，压力倍增，最终影响做事的效果。

与其绞尽脑汁，思前想后，不如把任务交给"自动成功机制"去办。一旦做出决定就放开所有责任感，松开智力系统，让它自动运行。这样就可以在没有压力的状态下解决问题，完成任务的效率会提高一倍。

很多成功人士的经历告诉我们，创造性的思维不是通过有意

启动自动成功机制的注意事项

启动自动成功机制需要注意三个方面：

1. 担忧于决定之前，而不要在决定之后。

2. 一次只做一件事。

3. 保持放松的心态。

启动自动成功机制，保持放松的心态，就可以对情感能量进行有效的管理，达到浑然忘我的状态，使工作达到最佳的效果。

识的思考获得，而是自动自发产生的——不知道在哪一刻潜意识中的信息会与外界信息突然接通，引发奇思妙想。约翰·施特劳斯在多瑙河散步的时候，美丽的风景激发了他的灵感，由于没有带纸，他竟然把《蓝色多瑙河》这首著名的曲子写在了衬衫上。当然，灵感也不是凭空产生的，需要对特定问题有浓厚的兴趣，并进行有意识的思考，收集与问题相关的信息，考虑各种可能的方案。此外，还要有解决问题的强烈愿望。

很多作家和发明家都有类似的经历，冥思苦想很长时间得不到满意的结果，当他们把问题放到一边，小睡一会儿，醒来时却得到了答案，或者去散步的时候头脑中灵光乍现。当他们放松的时候，自动成功机制就开始运转了。当思维不受压力影响的时候，最容易产生好的想法。

自动成功机制不是作家和发明家的专利，我们每个人都有同样的成功机制，都可以利用它进行创造性的劳动。

任何技能的学习都有四个步骤：

第一步：无意识条件下不掌握，不知道自己需要掌握哪些内容。

第二步：有意识条件下不掌握，知道自己有很多东西是不懂的。

第三步：有意识条件下掌握，能够掌握一些技巧，但是需要有意识地思考。

第四步：无意识条件下掌握，能够启动自动成功机制自发地完成，不需要依靠有意识地思考。

有些人在社交场合，有意识地说每一句话，做每一个动作。

他们总担心自己说错话、做错事，每一个动作都要深思熟虑，每一句话都反复斟酌，这样不但显得做作，而且弄得自己很累。如果停止有意识地思考，不考虑行为的后果，展现真实的自我，才能在社交场合中从容淡定。

在体育比赛中，那些总是担心失败的选手常常发挥失常，因为过度的焦虑使他们无法启动自动成功机制。想赢怕输的心理只会制造障碍，放大压力，无形中增大犯错误的几率，不能发挥出正常的水平。相反，那些轻松上阵、不在乎结果的人往往能够超常发挥。因为他们能够把任务交给自动成功机制。做任何工作都是如此，越有意识地去做，越会漏洞百出；越是放手去做，越能取得好成绩。

如何根据性格选职业

有很大一部分人一直都在从事着与自己的性格完全不符的工作，他们中有的人工作勤勤恳恳，兢兢业业，从不懈怠，可依然很平庸，似乎与成功没有缘分。其实，这并不是命运在作怪，关键是不了解自身的性格，或没有按照自己的特点来选择最适合自己做的事情。我们每个人来到世界上，都具备独特的性格特征，顺应自身的性格，就能找到成功之路；逆着自己的性格，势必与成功无缘。

一个人选择什么样的职业，与其性格、气质、能力、兴趣、爱好等有着密切的关系，其中性格显然是首先要考虑的因素之一。每个人的性格都不一样，每种性格都有与其相适应的职业，只有充分发挥自己的天性，才能顺利开启通往成功的大门。

美国心理学家、职业指导专家霍兰德认为性格与职业环境的匹配是形成职业满意度和成就感的基础。他将人的性格分为六种类型，分别是现实型、研究型、艺术型、社会型、企业型、传统型。这六种类型的个性特点和适宜的职业环境都具有明显的差异。

现实型：不善言辞，对社交没有太大兴趣，更重视实际的、物质的利益，喜欢安定的生活，动手能力强，做事手脚灵活，协调性好，希望从事有明确要求、能按一定程序进行操作的工作。适合各类工程技术工作或农业工作，如工程师、技术员、测仪员、描图员、机械操作员、维修安装员、电木矿工、牧民、农民、渔民，等等。

研究型：有强烈的好奇心，抽象思维能力强，学识渊博，善思考，重分析，行事慎重，善于内省，肯动脑不愿动手，不善于领导他人，乐于从事有观察、有科学分析的创造型活动和需要钻研精神的职业。适合从事的职业主要包括：自然科学和社会科学研究人员，化学、冶金、电子、汽车、飞机等方面的工程师或技术人员，电脑程序员，等等。

艺术型：有理想，易冲动，想象力丰富，善于创造，自我表现欲强，具有特殊的艺术才能和个性，喜欢以各种艺术形式来表现自己的个性和才能、实现自身价值，乐于从事自由的、对艺术素质有一定需求的职业。适合从事的职业主要包括音乐、舞蹈、影视等方面的演员、编导，广播电视节目主持人；文学、艺术方面的评论员，编辑、撰稿人员，绘画、书法、摄影家；艺术、珠宝、家居设计师，等等。

社会型：善于社交与合作，乐于助人，责任感强，喜欢参与解决公共社会问题，渴望发挥自己的社会作用，乐于从事直接为他人服务、为他人谋福利或与他人建立和发展各种关系的职业。适合从事的职业主要包括：教师、医护、行政人员；衣食住行服务行业的经理、管理人员和服务人员，等等。

企业型：精力旺盛，充满自信，善于交际，勇于冒险，喜欢支配别人，喜欢发表自己的见解，具有领导才能，对权力、地位、物质财富的欲望较强，乐于从事为直接获得经济效益而活动的职业。适合从事的职业主要包括：职业经理人、企业家、商人，行业部门的领导者或管理者。

传统型：善于自我克制，易顺从，喜欢稳定，有秩序的环境，习惯接受他人的指挥和领导，按计划和程序办事，没有支配欲，工作踏实，遵守纪律，乐于从事按既定要求工作的、比较简单而又比较刻板的工作。适合从事的职业主要包括会计、出纳、统计、录入人员、秘书、文书、人事职员、图书管理员等。

跳蚤为什么会自己给自己设限

跳蚤是自然界名副其实的跳高冠军，一只跳蚤最高可以跳1.5 米高，是跳蚤身高的 350 倍左右。如果一个身高 1.70 米的人有跳蚤一样的弹跳力，那就意味着他可以跳到 600 米左右，几乎相当于 200 层楼的高度。

可是，就是这位"跳高冠军"却因为自己的内心设限，而失却了"跳高冠军"的风采。

生物学家做过一个实验，他把一只跳蚤放入玻璃杯中，跳蚤很轻易地就跳出来了。之后，生物学家把它再次放入玻璃杯中，然后立刻给玻璃杯盖上盖子，结果跳蚤一次次跳起，一次次撞在顶盖上。后来，这只跳蚤开始耍滑了，它开始根据盖子的高度来调整自己所跳的高度。一周之后生物学家把盖子掀开了，这只跳蚤却再也跳不出来了。

跳蚤为什么跳不出来了？因为它在内心就已经相信杯子的高度是自己无法逾越的。

很多人不敢追求成功，不是缺乏能力和机遇，而是因为他们的心里已经默认了一个"高度"，并时常暗示自己：越过这个高度是不可能的，于是甘愿忍受失败者的生活。由此可见，"心理高度"是很多人无法取得突出成就的重要原因之一。对于每一个人来说，要不要跳？能不能跳过这个高度？我能不能成功？能取得什么样的成功？无需等到最终的结果，只要看看一开始这个人

自我设限会限制自己的发展

跳骚因为自我设限而丧失了跳出盒子的机会，人也常会犯跳蚤这样自我设限的错误，从而限制自己的发展。

加油，我们一定能成功！

很多人在年轻时意气风发，打算干一番轰轰烈烈的事业。然而干事业并非像他们想象的那么简单。

算了，我们不可能成功了。

当他们屡战屡败后，便开始心灰意冷，垂头丧气，不是抱怨这个世界的不公平，就是怀疑自己的能力。

哦，对，那我还是算了吧。

起来干吗？你忘了我们根本上不去吗？

于是一再降低对自己的要求——即使原有的一切束缚已经不复存在。

因此，人要突破常规思维，不自我设限，这样才能获得更好的发展。

是如何看待这些问题的，就知道答案了。总之，不要自我设限。

20世纪50年代，一个女游泳运动员决心要成为世界上第一个游泳横渡卡塔林纳海峡的女性。为了实现这个梦想，她开始了漫长而又艰苦的训练。终于，激动人心的时刻到来了，她在媒体和所有人的关注中开始了她横渡卡塔林纳海峡的壮举。刚开始时，天气非常好，她离目标也越来越近。然而，当她就要到达目标的时候，大雾开始降临海面。雾越来越浓，她几乎无法看到眼前的任何东西。

她在迷茫中继续游，但已经完全迷失了方向。她不知道距离目标还有多远，而且越来越疲倦，最后她放弃了。当救生艇把她从海里拉上船时，她这才发现，她只要再游100米就可以到达岸边了，为此她悔恨交加，在场的人都为她感到惋惜。接受媒体采访时，她为自己辩解道："如果我知道我离目标那么近，我一定可以到达目标并创下纪录。"

这位女游泳运动员一生中就只有这一次没有坚持到底。两个月之后，她成功地游过了同一个海峡，不但成为第一位游过卡塔林纳海峡的女性，而且比男子的纪录还快了两个小时左右。

第七章

决策心理学：为什么两个头脑不如一个头脑

什么是决策心理学

1944年6月4日，盟军集中45个师，1万多架飞机，各型舰船几千艘，准备在6日登陆诺曼底。就在这个关键时刻，气象台却传来令人困扰的消息：今后三天，英吉利海峡气候恶劣，舰船出航十分危险。这让最高统帅艾森豪威尔和手下将领们一筹莫展。但同时气象专家也认为，在6日当天，将有12小时的晴好天气，这种天气虽不理想，但能满足登岸的基本条件。6日之后天气将继续恶劣下去，要在10天之后才会有数天的晴好天气。是利用近在眼前的短暂晴天，还是等待10余天后的大好天气？艾森豪威尔沉思片刻，果断做出最后决定："好，我们行动吧！"后来虽因天气不好，汹涌的海浪吞没了一部分舰船，但诺曼底登陆作战一举成功，却是不可否认的事实。艾森豪威尔在选择登陆日期时十分果断，那天的天气状况虽然只能满足起码的登陆条件，但却绝对是一个最关键的日子。如果延期登陆，后果将不堪设想——战争结束时间推迟，盟军将会付出更多代价。因为在这个时候，希特勒还没回过神来，他坚定地认为盟军绝不可能在诺曼底登陆。从这个角度看，艾森豪威尔的决策无疑是非常正确的。

决策心理学，就是专门总结决策者的心理因素对决策的作用和影响的一门学科。它是决策学与心理学的交叉学科，研究的对象是决策过程中决策者的心理和行为规律。决策心理学的建立，不仅仅是决策实践的需要，还能建立起决策理论的独立的完整体系，并且促进其向深度和广度发展。这门学科虽然是一门新兴的边缘学科，却已经有了自己独特的研究范畴、研究内容和方法，它所揭示的心理活动规律也是面向决策实践，具有很强的实用性。

决策活动包含决策者、决策对象、决策信息、决策目标和决策环境这五个要素。其中，起主导作用的是决策者，决策者的心理活动渗透在决策活动的全过程。不懂心理的决策者，绝不可能做出最准确的决策。总之，离开了人的心理活动，决策也就不复存在。决策心理学就是这样一门研究决策者心理的学科。它具体的研究内容包括决策者个体心理，也就是在个体决策时，决策者的心理素质对决策的影响；决策者群体心理，即集体决策时，群体心理活动对决策的影响；决策组织心理，即组织环境对决策者所构成的心理影响。

在决策心理学家看来，决策的效果取决于决策者的心理素质。决策是否正确，决策是否及时，往往取决于决策者的判断和协调能力。在上述例子中，诺曼底登陆之所以取得最后的成功，关键在于艾森豪威尔的当机立断，他没有选择拖延到十几天之后的一个天气条件极好的日子，而是果断地下令在一个只能满足基本登陆条件的日子里登陆，抢占了最有利的时机，真正达到了出其不意的效果。

从总体上看，决策心理学研究的基本任务有如下几个方面：

1.研究决策过程中的心理学问题；可以帮助决策者调适自己的决策动机和价值判断心理，选择出优秀方案并付诸实施，以不断提高决策的质量；也可以培养他们的创造性思维，成为能集思广益、善用奇谋妙策的决策者。2. 研究决策者的心理素质与决策风格、决策行为的关系；帮助决策者提高自身的心理素质，保持健康的心理状态，实施正确的角色扮演，在不断的决策中优化自己的决策行为，形成稳定的、处乱不惊的决策风格。3. 研究决策对象的心理与行为规律；帮助决策者学会主动创造条件，吸纳群众意见，调动群众参与决策的积极性，以实现决策的民主化。4. 研究决策集团在决策活动中的心理与行为规律；可以为决策集团内在结构的优化，充分发挥其整体效能，提供途径和方法。

决策心理学就是运用心理学的原理和方法，通过分析决策者的决策活动经验，从中总结出决策者在决策时的心理与行为规律，为以后的科学决策提供理论和实践依据，以提高决策的实效性。

决策力就是选择力

决策的目的无非是获得更有价值的东西或达到更完美的结果，但在决策中，的确有太多的合适、不合适，实用、不实用的东西或者是机会摆在我们面前，我们必须不断地取舍，选择最合适的为我们所用，直至最终达到目的。所以，我们说决策力就是选择力。

决策需要考虑的四大因素

让选择与目标、资源、战略更加匹配其实是很难的，但也是有依据可循的。具体地说，在进行决策选择时，可以考虑以下四个因素。

风险

对决策实施之后的各种不利因素，或各种副作用，要制定相应的对策。

对手

要知道在决策时，竞争对手也在决策。所以知己知彼，才能确保个体或所在的集体立于不败之地。

关系

每一个决策都不是孤立的，它牵扯到方方面面的关系。只有理顺这些关系，决策才能成为现实。

报酬

对于个人而言，要考虑某项决策可为自己带来哪些回报，在企业中，报酬是激励实干者提高决策力的重要途径。

考虑了上面四个因素，决策就有了系统性、预见性，就有了可操作性。

决策过程中，首先需要选择的是计划和方案。为了实现目标，我们会有多种打算，会设计出多种方案，但受客观条件和自身能力的限制，各种方案之间会发生冲突，这时候，我们必须有所取舍，选择那些与外部机会与自身能力相契合的方案。计划也是一样，客观环境随时都在变化，预先的计划往往需要因时、因势地进行调整，及时排出最优的顺序。排序是决策的基本功，要想决策力超强，就必须下功夫掌握排序的技能。不同的选择带来的结果肯定不同。

在圣皮埃尔岛培雷火山爆发的前一天，一艘意大利商船"奥萨利纳"号正在装货准备运往法国。船长马里奥·雷伯夫敏锐地察觉到火山爆发的威胁。于是，他决定停止装货，立刻驶离这里。但是发货人不同意。他们威胁说货物只装载了一半，如果他胆敢离开港口，他们就去控告他。但是，船长的决心却毫不动摇。发货人一再向船长保证培雷火山并没有爆发的危险。船长坚定地回答道："我对于培雷火山一无所知，但是如果维苏威火山像这个火山今天早上的样子，我必定会离开那不勒斯。现在我必须离开这里。我宁可承担货物只装了一半的责任，也不继续冒着风险在这儿装货。"

24小时以后，圣皮埃尔岛的火山爆发了。港口装货的人全都死了。而这时候"奥萨利纳"号却正安全地航行在公海上，向法国前进。

虽然决策的目的是实现目标，但有一点要注意，进行决策时的选择却不能一味地追求完美和最优，更不能无原则地妥协，而要在尊重客观现实的基础上，以实事求是的态度进行分析，以寻得让计划、方案与目标、资源、战略更加匹配的最满意方案。

为什么两个头脑不如一个头脑

按理说，一群有经验的人在一起应该能发挥超常的智慧。但是，在大部分时候，多少个臭皮匠也抵不了一个诸葛亮。反而臭皮匠越多，越容易使事情变得一团糟。就像两杯50℃的水加在一起不会变成100℃一样。群体在决策的时候，很容易陷入群体思维之中，当要求他们针对某一个问题发表自己的意见时，要么长时间沉默，要么各持己见、互不让步，最后，通常是群体内那些喜欢发表意见、有权威的成员们的想法容易被接受，尽管大多数人并不赞成他们的提议，但大多数人只是把意见保留在心里而不发表出来。这样的决策过程往往能导致错误的决策。

群体决策容易出现"从众效应"和"极化效应"。从众效应就是屈从群体中大多数人的意见，这样往往会导致群体决策时忽略少数人的一些关键的意见，成员们往往会草率地同意一个错误的决策结果，而不会去仔细想想他们在这个过程中有什么不足。这些负面因素都是导致群体决策失败的原因。极化效应指的是将个人的意见夸大，从而导致做出一个极端的决策。个人的意见可能是偏向保守的，但是身处一个团体中，往往会忽视自己做决定时的责任感，而将个人的观点夸大，从而导致团体做出比个人思考时更为极端的决策，做出的决策可能极端冒险，也可能极端保守。这种奇怪的现象在现实生活中并不少见。一群富有攻击性的青少年在一起，很容易出现暴力行为。一群偏向激进的企业家坐在一起讨论问题，更容易做出极端激进的决策。这个效应甚至发生在网络上，人们在网上论坛和聊天室里往往发表比平常更为极端的观点和看法。

那么，是什么导致从众效应和极化效应的发生呢？这可能是因为观点、态度相同的人聚在一起，会让个体不自觉地"趋同"，忽略自己独特的观点，因为个体觉得这些观点是不同于他人的、可能不会被接受的；而突出表达和团体大多数人相同的想法，分享与他人一样的想法，尽管这些想法可能是极端的。有研究表明，和个人思考相比，团队思考更加独断，更倾向于将不合理的行为合理化，更可能将自己的行为视为道德所许可的。尤其是当决策的领导者控制欲较强时，很容易迫使团体中意见不合的人从众。通常，不合理的思考都是发生在人们集体决策的时候，而这会导致极端观点的形成。

群体决策虽然能提供更完整的信息和知识，也能开发出更多的可行性方案。但是，群体决策产生的心理效应却让其不能成为一个最好的决策办法。根据研究，最好的决策办法是尽量避免产生各种可能遮蔽思考的错误。一般来说，群体决策的规模以 5 ～ 15 人为宜，不少于 5 人，7 人最能发挥效能。参与决策的成员先集合成一个群体，但在进行任何讨论之前，每个成员需独立地写下他对问题的看法。然后，成员们将自己的想法提交给群体，并一个接一个地向大家说明自己的想法，直到每个人的想法都得到表达并记录下来为止。在所有的想法都记录下来之前不进行讨论。然后再开始逐一讨论，以便把每个想法搞清楚，并做出评价。每一个成员再独立地把各种想法排出次序，最后的决策就是综合排序最高的想法。这样既能集思广益，也不会出现从众效应和极化效应。

可见，群体决策并不是不好的，关键是如何把握决策的过程，让每个成员能在独立思考的同时，不受他人的影响，独立地献计献策。

加一个鸡蛋还是加两个鸡蛋

在一条马路上有两家卖粥的小店，左边一家，右边一家。两家相隔不远，每天的客流量看起来似乎相差无几，生意都很红火，人进人出。然而晚上结算的时候，左边这个总是比右边那个多出百十来元。天天如此。一天，一个人走进了右边那个粥店，服务小姐微笑着迎进去，盛好一碗粥后，问道："加不加鸡蛋？"那人说加。她给顾客加了一个鸡蛋。每进来一个顾客，服务员都要问一句："加不加鸡蛋？"也有说加的，也有说不加的，大约各占一半。过了几天，这个人又走进左边那个小店，服务小姐同样微笑着把他迎进去，盛好一碗粥，问："加一个鸡蛋，还是加两个鸡蛋？"顾客笑了，说："加一个。"再进来一个顾客，服务员又问一句："加一个鸡蛋还是加两个鸡蛋？"爱吃鸡蛋的就要求加两个，不爱吃的就要求加一个。也有要求不加的，但是很少。这就是为什么一天下来，左边这个小店要比右边那个多出百十来元的原因。

左边小店就是用"沉锚效应"来增加销售的——在右边的小店中，人们是选择"加还是不加鸡蛋"，而在左边店中，人们选择的是"加一个还是加两个"的问题，第一信息不同，使人做出的决策不同。

做决策时，人的思维往往会被得到的第一信息所左右，第一信息会像沉入海底的锚一样，把人的思维固定在某处，这就是沉锚效应。生活中，沉锚效应常被用于"利用第一信息为对方设限，进而让对方按照自己的想法走下去"。

沉锚效应的形成，有其深刻的心理机制：当关于同一事物的信息进入人们的大脑时，第一信息或第一表象给大脑刺激最强，也最深刻。而人脑的思维活动多数情况下正是依据这些鲜明深刻的信息或表象进行的。第一信息一旦被人接受，第一印象一旦形成，便会因人在认知上的惰性而产生优先效应，尽管这一信息或表象远未反映出一个人或一个事物的全部。

规避落入沉锚效应的陷阱

在善加利用沉锚效应的同时，我们还要注意规避落入沉锚效应的陷阱。比如说采购计划，那么请你考虑一下，在决定是否采购新设备之前，你会遇到哪些情况？

> 这台设备用了多久了？

一般情况下，你会考虑公司的业务现状是否应该采购新设备。

> 这次贵公司需要订多少台呢？

另外，你还会考虑客户方对你方产品的实际需求量等。

> 依据我的经验，我认为现在我们厂不需要增添新的设备。

与此同时，你的一位老朋友，凭借他的体会力劝你取消采购计划。

现在有三个"信息"可参考，你会怎么办？最好的办法就是先别忙着做出决定。

因为上面的"信息"有可能会成为沉锚，诱使我们寻找那些支持自己意见的证据，躲避同自己意见相矛盾的信息，进而让你掉进沉锚陷阱。

一位领导向四个组的人介绍同一位新员工，他对第一组的人说：新员工工作很积极；对第二组的人说：新员工工作不积极，你们要注意；对第三组的人说：新员工总的来说工作积极，但有时不积极；对第四组的人说：新员工工作不太积极，但有时也积极。一个月后，抽问四组员工，他们给出的答案几乎与当初介绍的一模一样。

第八章

职场心理学：如何才能让别人玩你发的牌

激发部下、后辈的方法

　　1968年，有两位美国心理学家进行了一次期望效应的测验。他们来到一所小学，从每个年级各挑选了三个班，对所有学生进行了一次发展测验，然后将测试的结果交给各班老师。其中，有一些学生被认为是非常具有发展潜力的。几个月后，他们又来到这所学校对学生进行复试。结果，那些被认为具有发展潜力的学生学习成绩都有了显著进步，而且求知欲强，乐于帮助他人，师生关系融洽，性格也更为开朗。实际上，这部分所谓的具有发展潜力的学生是他们随机抽取的。老师们对这批学生却会不知不觉地给予更多关注和期待。虽然这部分学生的名单并没有公开，但老师们掩饰不住的期望仍然会通过眼神、音调、下意识的行为等传递给学生。自然地，学生受到这些潜移默化的影响，会变得更加自信，于是他们在行动上就不自觉地更加努力，取得飞速进步。

　　这个实验说明心理期待也有强大的力量，即"皮革马利翁效应"。远古时代，有一个叫皮革马利翁的王子，他非常喜欢一个美女的雕塑，每天都期待美女能变成活生生的人来到他面前。结果有一天，雕塑美女竟然真的活了。实验中的老师们扮演的就是皮革马利翁的期待角色。这其实是一种暗示的力量。在学校里，那些老师喜爱的学生，会受到更多关注，他们的学习成绩或其他方面会有明显的进步，而那些被老师忽视的学生，则有可能一直默默无闻下去。所以，优秀的教师善于利用期望效应来鼓励后进生，给予他们更多的关注。运用到企业管理方面，期望效应是领导激励下属斗志的重要手段。

人为什么会受暗示呢？我们都知道，弗洛伊德将人格分为"本我""自我"和"超我"三部分。这其中，"自我"的职责是做判断和决策，判断和决策的精准性反映了个体的"自我"是否健康。但是，没有人的"自我"是完美的，没有人敢保证自己的判断和决策都是对的。"自我"的不完美就给来自外界的暗示提供了机会，尤其是来自自己喜欢、信任和崇拜的人的影响和暗示。这些暗示可以作为对"自我"的缺陷部分的补充，起到激励的作用。皮革马利翁效应就是一种心理暗示。向一个人表达对其积极的期望，即使这种期望并不明显，也会使他进步。反之，消极的期望会使其自暴自弃，甚至放弃努力。一个好的领导，必定善于通过各种方式向部下传达对他的信任和期望，譬如，在交代下属办某件事时，不妨对他说"我相信你一定能行的""你有这个能力做好"……这样，下属会觉得不能辜负你的期望，必定要加倍努力。一个人即使本身能力并不强，但是经过激励后，也可能会由不行变成行。

松下集团的掌门人松下幸之助就是一个善用期望效应激励员工的高手。他经常给员工打电话，询问他们的近况如何，即使是新人也不例外。每次通话快结束的时候，他还不忘说一句："做得好，希望你好好加油。"以此勉励下属。这样，接到电话的下属都能感到总裁对自己的信任和重视，工作起来也更加卖力。

　　马斯洛的需要层次理论认为，自我实现的需要是人类最高

期望效应的作用

　　相信我们大家都有这样的经历：自认为一项工作完成得很出色，心想一定能得到同事和领导的认同、称赞。

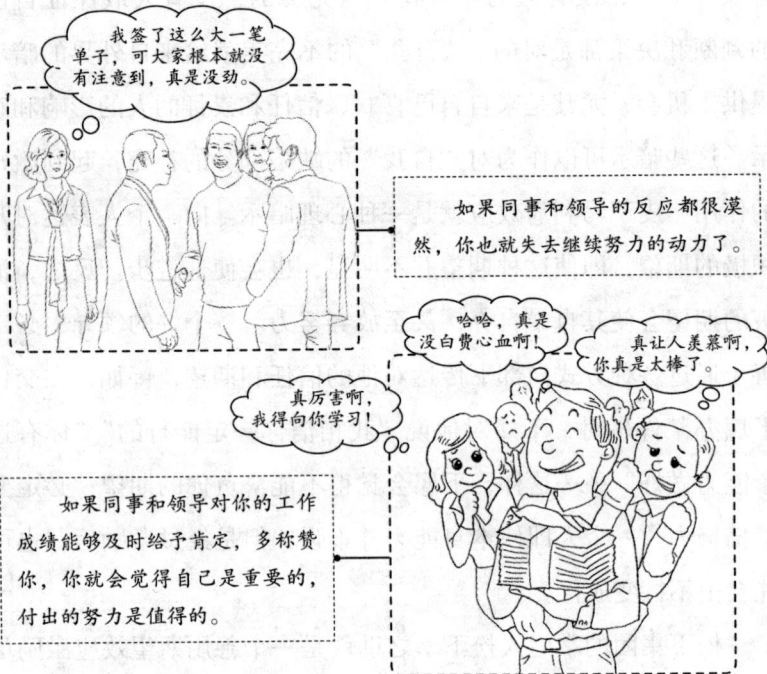

我签了这么大一笔单子，可大家根本就没有注意到，真是没劲。

如果同事和领导的反应都很漠然，你也就失去继续努力的动力了。

哈哈，真是没白费心血啊！

真让人羡慕啊，你真是太棒了。

真厉害啊，我得向你学习！

如果同事和领导对你的工作成绩能够及时给予肯定，多称赞你，你就会觉得自己是重要的，付出的努力是值得的。

　　期望效应之所以会产生作用，其实是心理暗示在起作用，暗示能使人不自觉地按照某种方式行动，以证实别人对自己的肯定和期望。

20几岁
要懂点心理学

层次的需要。每个人在内心深处都渴望得到他人的肯定和赞美。如果能得到认同，就能朝着期望的方向前进。作为一个管理者，要知道赞美你的下属，能让他们心情更加愉快，工作更加积极。你小小的赞美，将得到他们良好的工作成果作为回报，这绝对是一项超值的收益。此外，作为管理者，还应该意识到，赏识，也是下属的一种情感需要，它和其他有形的物质回报同样重要。

"压力越大，效率越高"的观点是不对的

1980 年，心理学家叶克斯和道森通过一个实验发现，随着课题难度的增加，动物参与的动机水平有逐渐下降的趋势。后来，又有研究表明，人类也存在相似的现象——事情难度与行为效率之间并非是单一趋向的关系，而是呈现一种倒 U 形曲线的关系，也就是说，从低难度开始，随着难度系数的逐渐上升，行为效率也会随之提高，可是当这种趋势达到某一临界点之后却会出现相反的情形，即难度越大，效率则越低。

具体来说就是，当人们从事低难度活动的时候，心中持有的是一种轻而易举的态度，因而非常放松，很有些心不在焉，这就导致做事的效率处于一种较低的水平；而当事情难度较高的时候，人们会对其变得重视起来，从而给予了更多的主观投入，更

大地调动起潜在的能力，更好地发挥出主体的积极性，所以在这种情况下做事的效率处于一种较高的水平；可是，当难度达到相当的程度之时，人们做起事来就会感到力不从心，对成功变得没有把握，这样，既在客观能力上有所不及，又在主观动机上有所懈怠，因此行动起来就显得慌乱，效率当然也就会下降了。

叶克斯－道森定律表明，一定的紧张情绪会令人们在学习和工作中取得更好的成绩，可是切记要掌握一个度，否则，如果紧张情绪过于严重，形成焦虑，反而会损害到本来有可能取得的成功。

认识到这一点，做事的时候就应当注意，既不要完全地放松，全不当一回事，也不必将成败看得过重，以免因为患得患失乱了手脚。面对成败得失，不可视之如儿戏，也不必将其视为无比重要甚至可以决定一切的关键，只有这样，才可以发挥出自己的最佳水平，从而取得最好的结果。

对于管理者来说，把握这一规律对提高工作效率有很大的帮助。自20世纪50年代以来，工作压力与工作效率二者之间的关系一直是有关学者研究和探讨的热点问题。实验证明，刺激力与业绩之间存在关系。过大或过小的刺激力都会损害业绩，只有刺激力比较适度时，业绩才会达到巅峰状态。也就是说，当压力很小时，工作缺乏挑战性，人处于松懈状态中，工作效率自然不高；当压力逐渐增大时，压力变成动力，激励人们努力工作，工作效率逐步提高；当压力达到人的最大承受能力时，工作效率达

20几岁
要懂点心理学

到最大值；当压力超过人的最大承受能力之后，压力就会变成阻力，工作效率也开始下降。

过度的工作压力会造成心悸、烦躁、忧虑、抑郁、工作满意度下降、工作效率下降、协作性差、缺勤、频繁跳槽等不良反应，所以，从管理角度上看，要想提高员工的工作效率，并尽量降低人员流动与缺勤带来的损失，必须改变那种"压力越大，效率越高"的错误观念。

如何让别人玩你发的牌

每个人都有一种强烈的归属需要，希望能与他人建立持续而亲密的关系。而人与人之间的关系却很复杂。你可能很能干，也很可爱，却没法得到每个人的喜欢。心理学家的研究也发现，在现代社会中，人们会用排斥来调节社会行为。想想在学校、公司或其他地方，你被别人故意避开、转移视线，甚至漠然以对，那种滋味一定不好受。但是，我们却会被那些可接近、有共性或互补的人所吸引，并折服于他们的某些魅力。反过来也一样，如果你能够让他人觉得你是可接近的、与他们有共性或互补的人，或者具有独特的人格魅力，你也会成为受欢迎的人。接近你想亲近的那个人，展现你们之间的共同点或能互补的方面，是成功的第一步。

在有了初步的信任之后，要缩短你们之间的距离就变得容易得多。

巧妙地影响他人：要促使他人按照你的意愿行事，就要找出促使他们这样做的原因。在他人行为的背后，找出其最本质的需要。有些人喜欢听赞美的词，有些人喜欢物质的奖励，总而言之，只要向他人说明，行为是有积极后果的。如果他做了你要求做的事情，就能获得想到的东西。经过这样的强化，就能不知不觉影响他人的行为。假设你是一个老板，想招聘一个优秀的员工。而你也知道，已经有几家公司想聘请他了。如何能影响他，让他选择你的公司呢？首先，你应该判断这个人所渴望的是高薪酬，还是广阔的职位发展空间，并竭力摆出你的条件来吸引他。如果你发现他比较重视薪酬，就应向他表示你能提供的优厚待遇；如果他更看重发展前景，不妨为他仔细描述他的职业蓝图。归根结底，要影响他人，就不能忽视他人的需要。当然，在第一步建立起来的亲密关系，也可能成为影响他人的能量。

巧妙地说服他人：说服他人的技巧是，通过第三者的嘴说话。我们都有这样的经历，当你在向他人说一件有利于自己的事情时，他人通常会怀疑你以及你说的话。这是人的一种本能表现。所以，不妨换一种方式。不要由你本人直接阐述，引用第三者的话，即使这个第三者并不在现场。如果你是一个推销员，有人问你你推销的产品是否耐用，你可以这样回答他："我邻居的已经用了四年了，仍然好好的。"

20几岁
要懂点心理学

巧妙地使他人做决定：首先要将他人的利益放在首位。告诉他，这样做决定，他能从中获得什么，而你并不会受益。其次，问只能用"对"来回答的问题。要让他人对自己的决定充满

让自己成为受欢迎的人

想要说服他人或者影响他人，首先给别人留下好的印象，让自己成为受欢迎的人，那么如何才能让自己受欢迎呢？

和善的微笑

张丽小姐，很高兴和您共进晚餐。

多提别人的名字

昨天的足球赛你看了吗？真是太精彩了！

谈别人感兴趣的话题

这次公司拿下这个项目，您功不可没。

以真诚的方式让别人感觉到他很重要

信心，就不能让其在脑中产生否定的想法。用"对"来回答的问题，更能坚定其行动的信心。同样，即使是选择式的提问，也让他在两个"好"中选择其一。当然，根据皮革马利翁效应，也要适当展现你的期待，给他人更多的鼓励和支持。

巧妙地调动他人的情绪：第一印象的效应往往使任何一个最初交往的一瞬间决定了整个交往过程的基调。因此，在最开始，你与他人双眼接触的瞬间，开口说话打破沉默之前，请露出你亲切的笑容。情绪具有传染性，调动他人的情绪之前，不妨对自己说——笑一下。

人与人之间的交往是个互动的过程，只要能掌握一定的方法，就能占据主动。

如何招聘和管理新员工

企业招聘不但要考察一个人的工作能力，还应该考察一个人的情感智商。不管一个人的工作能力多强，如果情感智商很低，那他就不是最好的候选人。因此在选拔人才的时候不能把注意力完全集中在应聘者的业务能力上，还应从心理学和情感两个角度来选拔人才。

确定招聘标准

你期望招聘到什么样的员工呢？你应该在心中先有一个设

想，才能招聘到满足你需要的员工。为此，你要考察一下已经为你工作的人员，哪些员工让你感到满意。找到表现最好的员工，然后通过提问以及优秀员工的回答来确定你的招聘标准。

你可以挑选两个表现较好的员工，再挑选两个表现较差的员工，通过提问分析他们的处事程序。对他们的处事程序进行比较，你会发现有很大不同。处事程序的好与坏是相对企业来说的，你要保证自己站在企业的角度思考。当你问他们问题的时候，你需要确信你问的问题具有专业性，因为如果你谈论的话题（个人的、业余的、专业的）不同，对方的处事程序也会有所差异。

现以招聘广告平面设计人员为例作具体说明：

广告平面设计就是为产品设计宣传册、平面广告或包装。设计人员需要根据产品特点和广告策划意图以及客户的需要设计出作品，达到推广宣传产品的效果。

我们询问优秀的设计人员，得出了一个结论，那就是下面所述的处事程序非常之重要：

审美：平面设计人员要有一定的美术功底，要有优秀的审美能力，保证设计的作品美观、大方。

创意：创意是设计的灵魂，设计人员要有开阔的发散性思维和优秀的创意。

沟通：平面设计的工作是通过图画传达信息，设计人员要与广告策划人员沟通，充分理解广告要传达的信息。此外，还要与客户沟通，尽量满足客户的需要。

承受压力：优秀的设计人员要能够承受工作压力，可能会加班加点。

那些表现比较差的设计人员在这几个方面都有或多或少的欠缺。因此，在招聘广告设计人员的时候要注意这些处事程序。

管理你的新员工

按照优秀员工的标准招聘到满足企业需要的员工之后，你需要对新员工进行管理，以使他们走上优秀的工作轨道。管理新员工的第一步要让他们对企业和自己的工作有一个整体的了解，然后要让新员工了解如何进行业绩评估以及公司有哪些奖惩制度。管理者需要了解并尽量适应新员工的语言模型，这样才能增强自己的亲和力，从而更有效地激励新员工。

企业文化不同，所使用的语言就不同。语言是一个群体吸纳或排斥外来成员的最有效的工具之一。新员工不了解企业文化和团队，管理者要帮助新员工尽快熟悉团队，使他们尽快融入到团队中。

要让老员工主动为新人提供帮助。首先要确定那些新员工难以理解的以及可能引起迷惑地方，然后主动为新人解释那些他们不懂的地方。比如：小李，你好像不明白张经理说的"黑色计划"，我来给你说明一下……如果你的企业为新员工发放公司简介或工作手册之类的指导资料的话，还可以考虑在里面增加内部术语词汇表的内容。

与新员工交流时要注意变化表达方式，不要固守传统的内部表达方式，应当考虑新员工的接受能力，措辞上尽量做到通俗易懂。比如，老员工可能习惯用足球术语来分派任务，但是对于不熟悉足球比赛的人来说就很难理解。这时就要改变表达方式，用通俗的语言让新员工尽快理解自己的职责和任务。

如何成为一个有才能的职员

李某刚毕业就进了一家外企工作，专业对口，收入也不错。踌躇满志的他很想干出一番事业来。他不仅积极主动完成上司布置的任务，还经常加班加点地工作，甚至全权负责打扫卫生、整理报纸、打水这些琐事。然而，同事们并不理解他的做法，在私下里对他冷嘲热讽，认为他太高调，爱出风头，甚至连领导有时也认为他没有团队合作精神，搞个人英雄主义。不仅如此，李某对客户也过分热情，他主动要求帮客户做一些他分外的事情，而这种主动却使客户感到难堪。有一次，他主动要求帮客户做一些售后服务的工作，但后来由于自己工作繁忙，在规定时间内无法完成任务，售后服务做得不到位，惹得客户很不高兴。因为得罪了客户，还被老板狠狠骂了一顿。

在这个案例中，李某处处表现自己，却引起同事、领导和客户的不满。有意识地、主动地表现自己，让领导和同事看到你的才能，这是非常有必要的。然而，自我表现也是有技巧的。自我表现可以分为"战术性自我表现"和"战略性自我表现"。前者的目的是在短时间内给对方留下好的印象，主要包括自我宣传等。而后者是为了在较长时间内给对方留下印象，比如逐渐建立威信、赢得他人信任、获得他人尊重等。在公司里，要想让领导和同事觉得你很有才能、值得信任，最好是通过"战略性自我表现"来展现自己的实力。

具体来说，首先要摆正心态，从小事做起。如果你是一个新人，领导往往并不了解你的才能，不会对你委以重任。所以，你需要摆正心态，不要觉得是大材小用，从比较琐碎的杂事、小事做起，力争在最短的时间内尽善尽美地完成它们，才是取得上司信任的最有效的途径。抓住机会，自然地在领导面前表现自己。如果领导在场时，你缩头缩脑，退到别人的后面，说起话来声音比蚊子嗡嗡声还小，就不要期待领导会注意到你。自信一点，勇敢地把自己的合理想法清晰地表达出来。开会时，也不妨坐到领导比较容易看得到的地方。

值得注意的是，毫无疑问，所有人都喜欢听赞扬的话，领导也不例外。但不要认为领导听不出假话与真心赞赏的区别。赞美别人也需要智慧。其实，你根本不需要用肉麻、空洞的话语来表示你对领导的欣赏。在领导发言的时候，只需微微点头，有意无意地露出佩服的样子，领导自然会感受到你的诚意。一般来说，赞赏的眼神比赞赏的语言要更有价值。让领导看到你的特别之处，这还远远不够。你的个性与才能才是你的与众不同之处，才

职场上要重视外在形象

职场上，服装、发型等外在因素显得较为重要。因为外在形象是你给别人的第一印象，比如如果想展现自己的热情与干劲，可以选择黑色西装搭配红色领带。通常来说，重视外在形象需要注意以下几点：

女性可以选择颜色活泼一些的服装，如果想显示专业、干练的一面，不妨选择单色的套装或套裙，再搭配一些暖色调的配饰。

男性可以选择藏青色西装、白色衬衫和黑色小饰物等，以及同色系、大花纹的领带，给别人留下诚实可靠的印象。

当然，除了得体的服饰外，在谈话时，最好还能加上一些手势，让别人感受到你的自然、你的亲切。

是领导对你刮目相看的重点。所以，还是脚踏实地、埋头苦干，在关键时刻表现出你冷静、反应灵敏、活泼幽默的方面，那么，领导一定会对你另眼相看。

此外，还需注意各个方面的细节。心理学上的光环效应说的就是由一些小好感泛化到对整个人的好感。刚进公司的新人，都希望给同事和领导留下好的第一印象。如果给人的第一印象不好，将会影响到他人以后对自己的评价。

第九章

营销心理学：如何能让堆积如山的物品一销而空

为什么酒吧喝水要钱，却又提供免费花生

去过酒吧的人应该都会发现这样一种奇怪的现象：喝水是要花钱的，但是吃花生却是免费的。你可能对这样的事情并没有在意，但是，仔细想想又会觉得不可思议。

让我们先来看看几种容易接受的情形：酒吧对所有产品都收费。这大概是最符合商家的立场，也是最容易被我们接受的方式吧。如果你是酒吧经营者也许也会为了增加盈利而采用它，因为这样一来，无论进酒吧的人消费了什么东西，都能赚到钱。或者，你会考虑另外一种情形，你觉得免费提供点什么东西能吸引更多的顾客，比如成本低的清水．这样一来，酒吧既不会因为清水的免费提供而亏损太多，又达到了吸引顾客的目的。但是，事实与这些情形完全不同，现在大多数酒吧都是免费提供成本较高的花生，而高价提供成本较低的清水。看上去不可理解吧，但其中却蕴藏着很多秘密。

人都有一种占便宜的心理，在消费的过程中这种心理体现得更为明显，并常常在不经意间影响着人的行为。比如，在上面的例子中，当酒吧有免费提供的花生时，这种贪便宜的心理会让消费者产生一种"不吃白不吃"的念头，而且觉得自己如果不吃就会有损失，所以，除非你本身很不喜欢吃花生，否则都会毫不犹豫地选择它。即使人们刚进入酒吧，碍于面子不去贪这个便

商家的销售策略

不仅在酒吧中会出现这种现象，仔细回想一下我们平时的消费经历，会发现在其他产品的销售中这些现象也十分常见。

商家采用"买一赠一"的销售策略，这样做常常会吸引顾客。之所以会有如此效果，就是因为人有占便宜的心理。

很多商家使用一些正在流行的用语或者相关标志进行宣传，往往会取得较好的效果，这是因为人们大多有从众的心理。

也许人们在消费中并没有注意到这些心理因素的存在，但是它们确确实实对消费行为存在极大的影响，只有了解了这些心理现象的本质，才能避免受其支配进行不合理的消费。

宜，但过不了多久，环视四周，发现很多人都在吃免费花生，也会受到他们的影响，出现从众行为。从众是一种十分常见的心理现象，是指个人受到外界人群行为的影响，而在自己的知觉、判断、认识上表现出符合公众舆论或多数人的行为方式。受从众心理的影响，当人们看见其他人都在吃免费的花生时，自己也会趋同于大流而选择花生。接着当人们满足了自己贪便宜的心理，吃完花生后，就会感到口渴。这时，人们自然会有买清水或者酒类产品来满足自己解渴的需要。是喝水呢还是喝酒呢？在这两种都能满足需要的产品之间该如何选择？从平时的消费经验中我们可以知道，当只有一件商品时，我们能很快地做出决定，而当有多种商品供我们选择时，往往很难做出决定。这是因为在购买前我们会在心里对这些商品进行比较，看哪个更划算。对于清水和酒来说，相信大多数人都会觉得高价的酒比高价的水划算。最终，人们就会购买各种各样的酒类产品来解渴。

原来，免费的花生只是酒吧的诱饵啊！不仅如此，在消费的过程中，人们吃的花生越多，越容易感到口渴，对酒类产品的需求就越大。也就是说，越贪便宜，为此付出的代价就越高。

此外，进入酒吧的人一般都有共同的消费偏好，即使各自的目的不同，有人可能纯粹是为了喝酒，也可能是借酒消愁，或者只是喜欢酒吧的气氛，等等，但都在一定程度上体现了对酒吧环境和酒类产品的偏好。既然有这种偏好，顾客就更倾向于买酒而不是水了。

从上面的分析中可以看出，酒吧正是利用了人们在消费中存在的占便宜、从众和消费偏好等心理，实现了销售更多酒类产品的目的。

超市里的心理战——瞄准了你的钱包

相信大家都有这样的经历：在进超市买东西前明明制订了一个简单的购物计划，把那些自己需要买的东西都列入了清单，但购完物后却发现自己买了很多不在清单上的东西。而且，即使一再提醒自己下次注意，却依旧抵制不住诱惑。是什么原因让购买欲大增？难道自己真的是购物狂？别惊慌，这只是我们被超市的心理战略所俘虏了。

随着市场的繁荣发展，我们都能明显感受到超市数量和规模的迅猛增加，超市之间的竞争也越来越激烈，为了赢得市场，商家们都使尽浑身解数吸引顾客。这种竞争使我们经常能看到超市的各种优惠活动：打折、降价、抽奖、限购、搭售……而通常我们都抵制不了这些优惠的诱惑，发生购买行为。下面的例子中提到的事情你也许会经常碰到。

两件商品除了在价格标示上不同，其他方面都是一样的。其中一件商品的标语是"本商品现价50元，欢迎购买"；另一件的标语是"本商品原价100元，现价50元，欢迎购买"。这时，你

超市里常见的消费陷阱

为了赢得市场，超市使出各种招数来吸引顾客。

生活用品摆放在消费者容易忽视的地方

生活用品必不可少，可是在寻找的同时就会额外买很多吸引我们的商品。

畅销商品摆放在离入口最远的地方

在取商品的过程中会被周围的商品吸引，增加附加消费。

用途上相关的商品摆放在一起

这样我们在购买商品时，自然而然地会问问自己是不是需要购买另外一种。

在收银台前摆放零食

这些商品都不贵，而且看上去特别诱人，所以很容易使人们在等待的间隙随手拿起。

会选择购买哪一件？

　　超市里常常会有一些限量购买的活动，比如在对鸡蛋促销时会挂出这样的标语"每人限购 10 枚，欲购从速"。这时，你会买几枚？

　　某些品牌在促销时，会推出"购买该品牌的商品达到多少金额即能免费获赠一份礼品"的酬宾活动。这时，你是对这些信息置之不理而只购买自己需要的产品，还是努力使自己的购买达到能拿赠品的金额？

　　当你面对以上情景时，你会如何选择呢？大家的答案应该会基本一致吧！对于第一个例子，大部分人会毫不犹豫地选择购买既有现价又给出了原价的商品；对于第二个例子，大多数人会买 10 枚；对于第三个例子，人们则会将所有该品牌的产品看一遍，尽量找出合适的产品直至能够获得赠品。

　　我们知道每个消费者对产品的需求是不同的，所以在购买活动中会出现差异，但是在上述的例子中会出现趋同的选择正是超市准确把握了消费者"占便宜"的心理，巧妙地运用了销售策略造成的。

　　有人举过这么一个例子，"便宜"与"占便宜"是不一样的，价值 50 元的东西，50 元买回来，那叫便宜；价值 100 元的东西，50 元买回来，那叫占便宜。而在这里，顾客们的选择就体现了"占便宜"心理。销售策略的使用让消费者觉得买了东西会特别"划算"，而事实上这种"物美价廉"并不是真实存在的，只是人们自己的感觉罢了。例子中努力得到赠品的行为也是占便宜心理的一种体现。

此外，在购买活动中，人们会不自觉地受到外界暗示的影响，比如在第二个例子中，通常情况下，虽然人们实际需要鸡蛋的数量比限定的少，但购买的数量一般就是所限定的数量，这就是超市充分利用了这种限制条件给顾客造成了一种心理暗示："限购的数量就是我需要的数量。"而且，在对数量进行限定后，更能激起人们占便宜的欲望。人们会认为之所以会有限制，一定是因为这种商品销量非常好，如果不限量就会出现供不应求。或者，商家为了获得最大的利益不愿意卖出去太多。这样一来，消费者就会觉得如果自己不买或者买的数量在限定条件之下，就会不划算，也显得自己太不精明了。

不管是通过价格标示还是限定购买数量，超市都准确地把握和利用了消费者"占便宜"的心理，从而在不知不觉中影响着消费者的购买行为。如果你也有"明明不是购物狂，却无法抵制诱惑"的经历，就说明超市成功利用心理因素赢得了这场战争。当然这些例子只是众多销售策略中的很少一部分，只要你是个有心人，一定能在实际购买中发现更多、更精心、更巧妙的策略。

为什么牛奶装方盒子里卖，可乐装圆瓶子里卖

如果稍加留意的话，就可以发现市面上几乎所有的可乐包装，无论是塑料瓶还是易拉罐，都是圆柱形的。而牛奶包装都是袋装或方形纸盒。为什么可乐生产商和牛奶生产商会选择不同的产品包装形式呢？原因有以下几个方面。其一，是因为可乐大多是直接就着瓶子喝的，瓶子设计成圆柱形，比方形更趁手。而牛奶却不是这样，人们大多不会直接就着盒子喝牛奶。其二，方形容器比圆柱形容器能节约存储空间和存储成本。如果牛奶容器是圆柱形，我们就需要更大的冰箱来存储。超市里大多数可乐都是放在开放式货架上的，这种架子便宜，也不存在运营成本。但牛奶却需要专门装在冰柜里，冰柜很贵，运营成本也高。所以，选择用方形容器装牛奶。其三，圆形的瓶子比较耐压。可乐中有大量二氧化碳气体。放入圆形瓶中能使瓶子均匀受力，不致过于变形。如果放入方瓶子里，就会严重变形。从这方面来看，牛奶放在什么形状的瓶子或盒子中都无所谓。

即使是圆形的铝制易拉罐，其生产成本本来可以更低，可为什么人们不那么做？这里涉及视错觉的问题。在全世界的大部分地区，可乐都是用铝制易拉罐装的，这种易拉罐的容积大约为12盎司，都是圆柱形的，高度（12厘米）约等于宽度（直径6.5厘米）的两倍。在容积不变的情况下，如果把这种易拉罐造得矮一

点，直径宽一点，能少用许多铝材。比如说，高改为7.8厘米、直径改为7.6厘米时，容积不变，却能少用近30%的铝材。可乐商家不可能不知道这个节省的方法，为什么还一直沿用标准的易拉罐规格呢？可能的解释之一是受心理学上的横竖错觉误导，消费者会认为可乐的容量变小了。所谓横竖错觉，指的是两条垂直的、同样长的线段，人们会倾向于认为横线比竖线短。由于存在这种错觉，消费者认为矮胖易拉罐装的可乐变少了，可能就不愿意购买。

还有一种解释是，购买可乐的顾客更喜欢制造成细长形状的易拉罐，或者是已经习惯了可乐罐子长成那样。即便他们知道矮胖易拉罐的容量与细长易拉罐的相同，还是宁愿多出点钱买细长的、已经习惯其包装的可乐，道理跟他们愿意多出钱住景色好点的或者已经习惯的酒店房间一样。

看来，产品的外包装设计也是一门学问。商家需要深思熟虑，考虑不同的设计会对用户行为有着什么样的影响以及对自己成本的控制有怎样的影响。

为什么价格越贵越好卖

一瓶矿泉水卖几十块钱，一盒香烟卖几百块钱，一件衣服卖几千块钱，一部手机卖几万块钱，一部车卖几百万甚至几千万元……看似价格高得离谱的商品却有着很大的销售市场，"价格越贵越好卖"已经成为很多产品销售时一个不争的事实。

　　不知从何时起人们开始认为产品的价格越高品质越好，而且这个观点渐渐成为一种思维定式。所以，越来越多的销售者在推销时会用"一分钱一分货"来打动顾客买高价的东西，而顾客自己在做选择时同样会考虑这一点。由于人们在购买时无法详尽地了解产品的信息，就会在无形中依靠价格来判断产品的质量、品质等，认为那些价格高的产品一定是有档次的、质量好的。目前大多数的高价产品都是有一定知名度的品牌产品，人们在购买时会觉得既然是大品牌，肯定在同行业中做得比较好，所以即使价格高也是合情合理、物有所值的。如果我们以这种心理来看待"高价易卖"，那么此时的价格就相当于是产品的质量了。

　　从那些高价产品的宣传中可以发现，越是贵的东西其代言人的知名度越高，人们在购物时就免不了会受"名人效应"的影响。生活中这种现象十分常见，我们从媒体中经常能看见、听到有关娱乐界明星穿着的八卦新闻，总是对他们穿着什么牌子的衣服、提着多少钱的包包、开着什么品牌的豪车等津津乐道。对于这些明星来说，他们集万宠于一身，有着众多的追随者。虽然对名人的崇拜是一种正常的现象，但越来越多的人将这种崇拜泛化到生活的方方面面，其中就包括用名人所用的东西。所以，只要是自己喜欢的明星所用的东西，再贵也要去买。那些知名度高的明星拥有的粉丝也相对较多，自然就出现价格越贵越好卖的情况了。

　　近年来，随着市场的开放，很多人抓住了自主创业的机会，

价格越贵越好卖——人们的虚荣心在作怪

人人都有虚荣心，这种心理会影响人们对价格的关注，使人觉得买昂贵的东西能提高自己的身份地位。

哎呀，你这包是限量版的啊！

虽然现在的生活节奏十分快，人们在一起交流的时间少了，但还是少不了会相互攀比穿着、使用的生活用品等。

尤其是和"姐妹淘"们聚在一起，聊聊这样的话题是再寻常不过的了。

她的衣服是某某牌的，在国内都买不到！

她的包也要好几万呢，真是让人羡慕！

那些用着奢侈的化妆品、穿着顶级品牌衣服的人会吸引更多人的眼球，也显得更有面子。

这时的价格就是虚荣的象征了。因此，人们总是喜欢价格高的商品，认为买得贵就是买得好。

走上了发家致富的道路。其中一些人在十几年前还是一贫如洗，连基本的温饱问题都难以解决，现在却成了百万、千万甚至亿万富翁。这时，人们就会有一种"补偿心理"，认为过去自己因为贫穷受了很多的苦，现在总算生活条件好了，有能力了，自然就要好好地对待自己，所以在购物时会选择价格更贵的东西。这种趋势在对待自己下一代时更加明显，他们总是觉得自己曾经所受的苦绝不能让孩子再接着受，于是在为孩子买东西时毫不手软。而且，即使自身的条件并不是特别好，很多家长也会为孩子选择更贵的东西，生怕自己的孩子与别人的相比会有差距，"宁愿自己受苦，也不能让孩子受苦"。

价格其实就是贴在产品上的一个数字罢了，却由于受到种种因素的影响变身成一种品质或身份的象征。正是由于人们赋予价格这样的意义和象征，才出现了越是高价的产品越好卖的现象。

价格尾数的促销作用

刘女士与好友逛街时，看到自己喜欢的专柜在举办促销活动，满500元送100元，于是便决定与好友一起凑数买衣服。两人各自挑了自己喜欢的衣服，由于该专柜的服装价格尾数都是9或8，最后加起来算了一下还差32元钱。而该专柜里的物品最便宜的也是 30 元的，刘女士只好狠狠心买了一双 38 元的袜子。"虽然我们俩都买到了自己喜欢的衣服，算起来比正价购买要便宜。但平时如果看到一双袜子卖 20 元我都觉得贵，如果不是为了凑数，我是不会买那么贵的袜子的。"虽然买到了自己喜欢的衣服，但刘小姐还是觉得有点心疼。

心理学家的研究表明，价格尾数的微小差别，能够明显影响消费者的购买行为。一般认为，5 元以下的商品，末位数为 9 最受欢迎；百元以上的商品，末位数 98、99 最畅销。这就是尾数定价法的运用。在确定商品的零售价格时，以零头数结尾，会给消费者一种经过精确计算、价格便宜的心理感觉。同时，顾客在等候找零期间，也可能会发现或选购其他商品。尾数定价法属于一种心理定价策略，目前这种定价策略已被商家广泛应用。那么，尾数定价法相比其他定价法有什么优势呢？

首先是便宜。标价 98 元的商品和 100 元的商品，虽然仅差 2 元，但人们会习惯地认为前者是几十元钱的开支，比较便宜，更易于接受。而后者是上百元的开支，贵了很多。其次是精确。带有尾数的价格会使消费者认为商家定价是非常认真、精确的，连零头都算得清清楚楚，进而会对商家或企业的产品产生一种信任感。再有就是中意。在不同的国家、地区或不同的消费群体中，由于社会风俗、文化传统、民族习惯和价值观念的影响，某些数字常常会被赋予一些独特的含义，企业在定价时如果能加以巧用，其产品就有可能因此而得到消费者的偏爱。例如中国人一般喜欢 6 和 8，认为 6 代表六六大顺，吉祥如意，8 代表发财，讨厌 4，因为 4 与"死"谐音；美国人则讨厌 5 和 13，认为这些数字不吉利。因此企业在定价时应有意识地避开，以免引起消费者对企业产品的反感。

尾数定价法虽然有一定的优势，但并不是所有场合都适用。超市、便利商店的市场定位决定其适用尾数定价法。超市的目标顾客多为工薪阶层，其经营的商品以日用品为主。目标定位是低档和便宜。人们进超市买东西图的也是价格的低廉和品种的齐全，而且人们多数是周末去一次把一周所需的日用品购置齐全，这样就给商家在定价方面一定的灵活性，其中尾数定价法是应用较广泛而且效果比较好的一种定价法。尾数定价意味着给消费者更多的优惠，在心理上满足了顾客的需要。而超市中的商品价格都不高，基本都是千元以下，几十元的价位居多，因此顾客很容易产生冲动性购买，这样就可以扩大销售额。大型百货商场则不适合尾数定价法。大型百货商场走的是高端路线，与超市、便利店相比，大型百货商场高投入、高成本的特点决定了其不具有任何价格优势。因此，大型百货商场走廉价路线是没有出路的，它应该以城市中的中产阶级为目标人群，力争在经营范围、购物环境和特色服务等方面展现自己的个性，以此来巩固自己的市场位置。据相关资料介绍，目前我国消费者中，有较强经济实力的占16% 左右，而且这个比例有扩大的趋势。这些消费者虽然相对比例不大，但其所拥有的财富比例却占了绝大多数。这部分人群消费追求品位，不在乎价格，倘若买 5000 元的西装他们会很有成就感，如果商场偏要采用尾数定价策略，找给他们几枚硬币，这几个零钱他们没地方放，也用不着。加之这些人业务忙，找零钱浪费他们的时间（当然排除直接刷卡的付款方式），让顾客会有不耐烦的感觉。

第十章
人际关系心理学：吃亏为什么是福

了解性格，与人和谐共处

性格与人际关系的密切联系是绝对不能忽视的。在交往中，每个人都会表现出或多或少的缺陷。若想与人和谐相处，使人际关系更加完美，最重要的一点就是要全面、清晰、客观地了解真实的自己，然后再根据自己和社交对象的性格类型，来把握与其接触时应该注意的地方，以使自己的人际关系日臻完美。

大千世界，人们的性格表现千差万别，不过归纳起来大体可以分为两大类型：内向性格或比较倾向于内向性格、外向性格或比较倾向于外向性格。通常认为，外向型的人活泼开朗，能言善辩，善于交际；内向型的人文静内敛，讷口拙言，不善交际。然而世上没有完美的性格，任何一种性格都存在着积极和消极的两个方面，既有优点，又有不足。

如果你是外向型性格的人，一般来说会比较擅长交际。你活泼阳光，充满活力，善于社交，乐于助人，能够轻松赢取他人的好感，人际关系十分和谐；你擅长自我表现，能言善辩，诙谐幽默，与陌生人相处也毫不胆怯，能够轻松地引导现场气氛。

不过，也有一些地方需要注意：

1. 不要凭表面现象轻易地对人做出好恶评价，不要凭眼前的利害得失来选择朋友。

2. 尽可能地努力维持一些值得深交的朋友。

3. 要守时，守约定，谨慎遵守各项规范，尤其在上级或关系

外向者与人交际时容易犯的错误

　　虽然说外向性格的人在交际时比较受欢迎，但是，因为他们的性格原因，有时还是会犯一些错误。

"祸从口出"

　　外向性格的人大大咧咧，什么都说，除了让人产生不信任感之外，还可能无意得罪别人而不自知。

容易给别人留下多管闲事的印象

　　他们往往过于热情，但把握不好的话就会让人觉得爱管闲事。

刨根问底惹人烦

　　他们喜欢与人交流，但是如果过多询问对方的私生活，容易使对方心生不悦。

　　所以，虽然外向型性格有很多优势，还是应该注意一些不好的影响，尽量与人和善交流。

比较生疏的人面前，应时刻保持礼仪，多用敬辞、谦语，多讲礼貌，切不可采取粗鲁、轻浮的态度。

4. 在社交活动中调和气氛时，切勿说些低级的、轻薄的笑话和故事，否则你的形象会在别人心里大打折扣。

5. 在谈判过程中，不应轻言放弃，努力保持柔和的态度，充满耐心，谨记"欲速则不达"。

6. 在与内向型的人交往时，应当尽量让自己的神经变得"纤细"一些，细心，耐心，多观察对方情绪的变化，充分考虑各方面的因素，谨慎行事，避免引起对方不悦，或对其造成伤害。

7. 内向型的人一般思虑深远，慎重务实，如果你的上司是这种类型，则务必要严守规矩，时刻保持紧张认真的工作状态，切莫粗心大意、玩忽职守。

内向型性格的人，沉稳踏实，善于思考，耐心谨慎，冷静理智，自制力强，平易近人，坚韧执着，但亦有敏感多疑、个性消极、固执拘谨、因循守旧、精神懒散、反应迟钝、行动缓慢的特性。作为内向型性格的人，应该明确这样的观念：内向性格不等于不良性格，更不是成功交际的障碍；只要认识自己，把握好方法，充分发挥性格中的优势，巧妙规避个性的不足，同样可以拥有很好的人际关系。

内向型性格中诚实、认真、踏实的一面容易给人留下好印象，但是，因为内向型性格的人对人群比较疏离，一般会采取非常慎重的人际交往方式，有时候还会有些顽固、古板，这也是很

20几岁
要懂点心理学

不利于社交的，因此，在与人交往时，性格内向的人应该克服自己性格中的不利因素：

1. 彻底地认同自己，了解并承认自己性格中的优点和劣势，不要过于追求完美，不要过度压抑自己的情绪和欲望，给自己留一点"人格余地"。

2. 多培养一些兴趣爱好，多与他人接触，尽量多去交朋友、培养友情，走出孤独的心境。

3. 与人交际的过程中，无需太在意对方的想法和态度，避免给人留下懦弱、没有自信的负面印象。

4. 积极地肯定自我，学会欣赏自己目光敏锐、见解精辟、一语中的等长处。

5. 努力将性格中善良和温柔的特征向着更坚韧的方向发展，达到另一种形式的坚强和勇敢。

6. 与人交往时，应当尽量阳光、爽朗一些，不要给别人留下忧郁、高深莫测，甚至阴险的印象。

7. 多关注对方的观点、想法、情绪、表情、行为等，遇到自己不感兴趣的问题时，不要立即明显地表示"无聊透顶"的态度来。

8. 尽量主动地努力发掘有趣的、快乐的话题，做一个善于倾听、善于赞美的谈话对象。

9. 不要因为鸡毛蒜皮的小事影响心情，学会宽容，注意"己所不欲，勿施于人"。

10. 应该适当发挥圆通性及随机应变的能力，给人留下善解人意、成熟周到的印象。

11. 与外向型的人交往时，应尽可能多地发现对方的优点和特长，然后毫不吝啬地给予肯定和称赞，这会让他们喜不自禁，并对你产生认同感。

幽默是处理人际关系的一种缓冲剂

在人际交往过程中，如果你想说服别人，但是尝试着用很多种方法都无济于事时，不妨提起你的"宠物青蛙"。

有一个非常有趣的研究，研究中实验的参与者与艺术品的售卖者进行讨价还价。在谈判快结束时，售卖者要进行最后的报价，只是有两种不同的报价方式。一种报价方式是，售卖者坚持原来的价格，不做出让步；而另一种报价方式也是坚持原来的价格，不做出让步，只是在最后增添了一点儿小幽默。比如，售卖者会说："我仍然坚持原来的价格，不能再低了，否则我的宠物青蛙都要跳出来替我说话了。"在听到"宠物青蛙"时，参与者都做出了让步。这说明在短短的时间内，幽默产生了巨大的作用。虽然说最后的报价仍然是原来的价格，但参与者更愿意接受第二种掺杂幽默色彩的报价方式。

由此看来，幽默的作用不可小视，它让参与者处于良好的情绪状态，在同等价格的情况下，更愿意做出让步。因此，当你要争取自己想要的东西时，请尝试着用点幽默。

可见，幽默在人际交往中发挥着重要的作用。美国一位心理学家说过："幽默是一种最有趣、最有感染力、最具有普遍意义的传递艺术。"在社会交往中，难免会发生一些冲突、误会和矛盾。恰当地运用幽默，不仅可以化解危机，淡化矛盾，消除误会，还可以使人迅速摆脱困境，避免尴尬，缓和气氛。

例如，在一辆拥挤的公共汽车上，由于紧急刹车，一个小伙子无意中碰了一位姑娘，姑娘马上出言不逊，骂了一句"德性"。小伙子却不急不恼，风趣地说道："对不起，这不是德性，是惯性。"车上的乘客哄然大笑，姑娘则羞愧难当。小伙子凭借着高超的幽默感，成功地化解了一场即将爆发的冲突。

同样，在一次奥斯卡的颁奖典礼上，一位刚刚获奖的女演员准备上台领奖，也许是因为过于兴奋和激动，被自己的晚礼服长裙绊住了脚而摔倒在舞台边。当时全场静默，这么多观众都在台下坐着，这难免让人感到尴尬和窘迫，因为从来没有人在这样盛大的晚会上摔倒过。但是，女演员迅速地起身，然后真挚而感慨地说："为了能够走到今天的这个舞台上，实现我的梦想，我这一路走得艰辛而坎坷，付出了很多代价，甚至有时跌跌撞撞。"这时，全场爆发出雷鸣般的掌声。女演员凭借自己的幽默感，不仅成功地化解了危机，还得到了更多人的认可。

古希腊著名的哲学家苏格拉底也是一个善于使用幽默的人。

据记载，苏格拉底的妻子是一位性情非常急躁的人，往往当众给这位著名的哲学家难堪。有一次，苏格拉底在同几位学生讨论某个学术问题时，他的妻子不知何故，忽然叫骂起来，震撼了整个课堂。继而，他的妻子又提起一桶凉水冲着苏格拉底泼了出去，致使苏格拉底全身湿透。当学生们感到十分尴尬而又不知所措时，只见苏格拉底诙谐地笑了起来，并且幽默地说："我早知道打雷之后一定要下雨的。"虽然只是一句简短的话，但是既淡化了矛盾，化解了危机，又不至于让自己很尴尬。而且妻子的怒气出现了"阴转多云"到"多云转晴"的良性变化。他的学生听了之后都欣然大笑起来，不得不敬佩这位智者的素质和坦荡胸怀。

幽默的确是一门艺术；也是一种修养。

先接受再拒绝的"Yes，But"定律

先接受再拒绝的"Yes, But"定律，很像我们语文中学习过的一种称作"先扬后抑"或"先褒后贬"的修辞手法，也就是说当你想贬低或批评一个人时，先对他身上的可取之处进行表扬然后再进行批评，比直接批评他的缺点和毛病更能让人接受。同样，在沟通过程中，如果你不同意某个人的想法和意见时，先要指出其中的可取之处，然后再批评其中的错误和不当之处，这样反而

20几岁
要懂点心理学

让人更容易接受。用一句比较通俗的话说，就是先给他吃一颗甜枣，然后再给他一粒药丸，这样就不会觉得药丸很苦了，甚至还能感到枣的甜味。

这种先说 Yes（肯定）再说 But（否定）的沟通方式对个人的发展有很重要的作用，尤其是对那些刚出校园的年轻人。年轻人刚踏入社会，总是希望尽快地崭露头角，抓住一切能够表现自己的机会，这些都无可厚非。可是，不能因为这样就不顾及别人的感受，将自己的想法强加于别人。在沟通中掌握一定的技巧，则会起到事半功倍的效果。

众所周知，从事销售行业的人主要靠说话吃饭，天天和形形色色的人打交道，更要学会沟通的技巧。以保险公司的推销员为例，这可能是最不受别人待见的职业之一了。当你向客户推销保险时，他们可能会很不耐烦，甚至会丢下一句话"我对保险不感兴趣"，从而将很多销售人员拒之门外。有些销售人员可能就会知难而退，觉得毫无希望了，而那些优秀的销售人员则会尽力给自己争取机会，赢得说话的权利。比如他们会说："您说得的确很有道理，我们都希望自己的家人朋友健健康康的，没有什么意外发生。谁会对这种与生、老、病、死有关的事情感兴趣呢？其实，我自己对保险也没什么兴趣。"这样顺着客户的意思先说Yes，反而为自己赢得了说话的机会。这时，客户就不会那么反感了，反而会觉得你很真诚，会继续和你交流下去。这样你就可以抓住机会，向他讲述保险对人的重要性，"虽然我们对保险都

"Yes,But 定律" 在谈话中的运用

生活中，我们总是希望自己的想法、意见被别人接受，甚至还试图去改变别人的想法和态度，可是一切并不能如我们所愿，因为冲突是在所难免的。这时你应该怎么做呢？

这肯定不行，没得商量。

1

立即否定别人的想法，表明自己的态度和立场，不给别人留有任何回旋的余地，不管别人接受不接受。

我觉得你说得有道理，但是你看看这样会不会更好一点……

2

先耐心地听对方说完，赞同对方的可取之处，然后再否定或是拒绝，紧接着表明自己的态度和立场，试图去说服别人。

他这个人不行，以后还是少和他打交道。

太过于绝对化，让对方下不了台，甚至还会激起逆反心理，影响双方之间的关系。

下次再来啊。

将对方和自己置于平等的位置进行对话，让对方有被尊重和重视的感觉，这样对方也更能接受你的想法。

显然还是第二种方法更好一些，这也是一种拒绝别人的技巧，也就是"Yes, But"定律。

20几岁
要懂点心理学

不感兴趣，但是生活中总会有这样或那样的意外发生，未雨绸缪、防患于未然总不是什么坏事情"，等等，这样就大大增加了推销成功的可能性。

可是，如果一开始，我们就否定客户的说法，只会引起客户的反感，这样我们连说话的机会都没有了。先对他的说法表示认同，然后再表明自己的态度和立场，告诉他保险的重要性等，不仅缓和了之前的紧张气氛，还为自己赢得了机会。看来这种人际沟通中的"Yes, But"定律真的很有效果。

在心理咨询中有一个很重要的原则，那就是倾听。在和别人进行沟通时，同样要学会倾听别人的意见。也就是说，在说 Yes 之前要先学会倾听，不要未等别人把话说完就打断，这样很不礼貌。同时，也会让别人觉得自己不受尊重，觉得你是在应付他。另外，在说 But 时语气不能强硬，一定要委婉。当和别人的意见相冲突时，表明自己态度时要委婉一点儿，不要一竿子打死一船人，要给对方留有余地。这样不仅对方能够感受到你对他的尊重，而且不同的意见在发生碰撞时还能迸发出智慧的火花。

"Yes, But"定律是一种人际沟通技巧，同时也是重要的处世之道，更是一种以退为进的谋略，有助于我们更好地和别人进行沟通和交流，建立良好的人际关系。

拉近心理距离的方法

心理学中有一个刺猬理论，说的是这样一个故事：两只小刺猬共住在一个山洞里。这天天气异常寒冷，两只刺猬被冻得哆哆嗦嗦的。它们为了取暖拥在一起时，却感觉到了一阵刺痛，原来它们都被对方的刺扎伤了。于是，它们又分开了，可分开后没多久又都冷得打起寒战来。经过几次磨合，它们终于找到了合适的距离，既能取暖，又不至于被扎伤。

这就是所谓的"距离产生美"——保持恰当的距离容易让人产生审美经验。"审美经验"是心理学上的一个专有名词，它的内涵是指人在审美活动中的特殊感受和状态。具体地说，如果距离太远，审美活动中的双方就会脱离联系，审美主体就不会感受到审美客体蕴含的美感，审美客体就不容易发挥自己的感染力；如果距离太近，审美活动中的主体又会给对方造成压迫感和威胁感，更不利于主客体的交流。

美感在适度的距离上产生，情感在适度的距离上升华。人们都把亲密无间作为交朋友的最高境界，其实这只是一种美好的愿望，亲密是常见的，无间是不可能的。

距离有一种"自我矛盾"——远与近的矛盾，解决好这一矛盾，心理距离才能真正发挥其审美功能。

生活中，我们总是看到这样一些人，他们习惯于将自己的内心裹得严严实实的，不希望别人走进去，只有这样自己才有安全感。其实不然，越是这样的人内心越是需要别人的理解，越是渴望能够和别人交流，希望和别人拉近心理距离。相信我们每个人都喜欢"真实""坦诚"这些美好的字眼，在人际交往过程中，我们总是希望和别人能进行心灵上的交流和沟通，同时希望对方也能对我们坦诚相见，这样双方才能感受得到在心理上离得很近。

　　我们有时候会发现，由于某一次推心置腹的交谈，你和一个人的关系突然之间就拉近了很多，同样也会因为一次不够真诚或很敷衍的交谈，朋友之间的距离反而变得远了。有时候随意聊天的男女会突然对彼此产生爱的感觉；有时候恋爱双方会因为某一件事情，感情突然加深很多。而这种心理距离的缩短在很大程度上得益于双方之间敞开心扉。在心理学中，这种沟通和交流的方式叫作"自我告白"。这种方法能够迅速地拉近你和别人的距离，比如，你向一个人诉说自己的秘密或家庭内部的一些问题，这种自我暴露的方式会增加彼此的亲密感。因为对于说的人来说，这种自我告白能够缓解自己内心的压力，而听的人会觉得对方是出于信任才会向自己倾诉。同时，听的人也会以同样的方式，以相同的程度进行自我告白，他们认为对方那么信任自己，自己也应该同样信任对方才是。这被称为"自我告白的回报性"。生活中我们也许会发现，与男性相比，女性更善于使用这种自我告白的方式来建立良好的人际关系。

　　此外，在心理学中还有一种与自我告白类似的方法，即"自

人际交往要保持适当的距离

刺猬理论说出了这样一个道理：人际交往中，不能过近，也不能过远，即"亲密有间，疏而不远"。

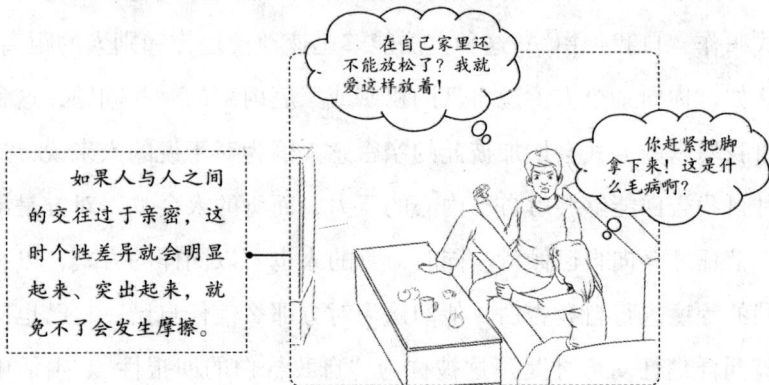

可我在中国长大，见面握手就可以了。

在美国大家见面都是这样拥抱啊。

因为每个人的观念、文化、知识、性格等方面的差异必然会影响到自身的处世态度和交际方式。

在自己家里还不能放松了？我就爱这样放着！

你赶紧把脚拿下来！这是什么毛病啊？

如果人与人之间的交往过于亲密，这时个性差异就会明显起来、突出起来，就免不了会发生摩擦。

因此保持适当的距离，会减少不必要的摩擦，使彼此少受伤害。人与人之间的交往的确应该像刺猬取暖一样保持适当的距离。

我呈现",是指意识到别人对自己的关注之后,然后有意识地去以对方期待的方式来塑造自己的行为。这同样是一种人际沟通的技巧和方式,但是在自我呈现的过程中,为了迎合对方的期待,难免会美化或吹嘘自己,与真实情况不相符合。这样不仅达不到拉近心理距离的效果,反而会让对方反感,不再愿意和你交往下去。

距离产生美,但如果过分保持距离,也会使双方变得疏远,甚至互相遗忘,所以,在人际交往中,"亲密有间,疏而不远"就显得很重要了。

发生人际冲突时该怎么办

人际冲突一般是指个人与个人之间的冲突——由于性别、年龄、生活背景、教育程度和文化背景等的差异,导致每个人对问题的看法不尽相同,于是,人与人之间的沟通和合作就出现了问题。

要想妥善处理人际关系,就要从多角度看待问题,找到有效的方法解决矛盾冲突。如果只站在自己的角度看问题,就会以自我为中心,认为自己对、别人错,就会加剧矛盾冲突。如果只关注自己的需要,只考虑自己的利益,就看不到别人的需求。

人际关系学家戴尔·卡耐基提出了管理人际冲突的几个原则。

避免冲突。管理人际冲突的最好办法是避免和人发生争辩。即便我们在辩论上胜了对方,把对方批得体无完肤,但那也只是获得了表面上的胜利。实质上，我们已经很让对方感到自卑，对对方心怀不满，原先的和谐关系已经因为我们的辩论而被破坏掉了。

尊重别人的意见，永远别指责别人的错误。耶稣曾经说过："赶快赞同你的反对者。"因为不管是上司、下属，还是家人、朋友，我们越是否定他的意见，就越会激怒他；越是指责他，就越会让他和我们对着干。这当然不是我们希望的结果。要想获得别人对我们的认同，就要尊重别人的意见。如果道理在我们这边，我们应该巧妙地说服别人，婉转地让别人赞同我们的观点，而不是通过否定和批驳对方来证明自己是正确的。

如果犯了错误，就迅速坦然地承认。林肯曾说过这样一句话："一滴蜂蜜比一加仑胆汁能捕到更多的苍蝇。"人与人相处也是如此，犯了错误之后，如果在别人责备我们之前，首先承认错误，这比听到别人的批评要好受得多，而且对方很可能会谅解我们，不再追究我们的过错。快速、坦率地承认自己的错误比找各种理由替自己辩护效果好。

以友善的方法开始。如果一个人一开始就对我们抱有成见，他就不会接受我们的意见。当发生矛盾冲突时，如果我们以敌对、仇视的态度对待对方，对方必然会与我们针锋相对，就会使矛盾不断升级。解决的方法是平心静气地坐下来，找到问题的原因所在。温柔、友善的力量永远胜过愤怒和暴力。我们应该用温和的态度提出自己有力的见解，而不是进行无谓的争辩。

让对方给我们一个肯定的答复。在交谈时，让对方说"是的"，他就会忘记争执，逐渐同意我们的观点并接受我们的意见。如果一个人说出"不"字之后，他的内心就潜伏了负面情绪，形成拒绝和敌对的状态。即使后来他发现自己的观点是错误的，为了维护尊严，他也不得不坚持到底。相反，当一个人说"是"之后，他就会处于一种接受、开放的状态。引导别人说"是"，就能使谈话走向有利于你的方向。这种方法在谈判或销售工作中是非常实用的。

以肯定的回答作为辩论的基础，这种方法是著名的苏格拉底辩论法。苏格拉底与人辩论时向对方提出一系列问题，这些问题都能为对方接受并赞同。他不断地获得肯定的回答，最后对方在不知不觉中就接受了以前自己坚决否定的结论。

尽量给别人表达的机会。了解别人的想法是站在别人的角度思考问题的前提。我们必须知道对方是怎么想的，才能找到问题出在哪里。因此，我们应该给对方表达的机会，鼓励对方把他要说的话全部表达出来。每个人的观点都应该得到尊重。有时我们以为自己知道对方是怎么想的，但是那只是我们自己的想法，并不是对方的真实想法。

使对方以为这是他的意思。下级想让上级采纳自己的意见时，使用这种方法是非常有效的。没有人愿意被迫遵照别人的命令行事，每个人都喜欢按照自己的心愿做事，如果强迫别人接受我们的意见，就会引起抵制情绪。要想让别人支持我们，就要征求别人的想法和意见，而不是强迫对方接受我们的意见。

　　诚实地以他人的立场来看待事物。当有人做了让我们不满意的事情时，我们应该试着去理解他、原谅他，而不是一味地责备他——每个人做事都有他自己的原因，如果我们知道事情的原因，就不会厌恶这个结果了；如果我们能处处替别人着想，学会以别人的角度看待问题，就可以避免很多矛盾冲突；理解别人才会同情别人，同情是停止争辩、消除怨恨、制造好感的良方；当发生冲突时，告诉对方："如果我是你的话，我也会这样做。"为他人着想是减少摩擦，建立和谐关系的重要途径。

20几岁
要懂点心理学

第十一章

投资心理学：了解自己的风险承受能力

了解自己的风险承受能力

投资是一个充满风险和挑战的领域，也正是因为如此，它才吸引了众多的人参与其中。但是，投资者很少有人能够对自己的心理承受力有正确的判断，那些自认为坚强的人可能会在遇到大麻烦时很快崩溃，而一向并不怎么坚强的人却可能平静地接受结果，甚至等来新的转机。

投资充满了风险，同时也充满了机遇。从某种程度上讲，风险与不确定性也是投资的魅力之一，它迎合了人性中的一些特点，使无数人即使多次损兵折将，也依然乐此不疲。就像我们所看到的那样，交易所里总是一派人头攒动的热闹景象，许多专业投资家、职业经纪人沉迷其中自不待言，就连那些退休的老先生、老太太、家庭主妇、上班族，甚至是一些未成年的小孩子也跃跃欲试，想在投资游戏中试试自己的运气与智力。

如果我们仔细观察，就会发现，在股市低迷时，一个经历过市场风浪的职业投资家的表现可能还没有股价上扬时家庭主妇的表现那么淡定和勇敢。每当股价下挫时，那些证券代理商与经纪人都会迅速变化手中的投资组合，将筹码锁定在那些保守的股票上，不敢轻易将手上的现金换成股票，即使在面对一些内在价值被严重低估的优秀企业时，他们也犹豫不决，因为此时他们的心理较为脆弱，风险承受力较低，这种状况也势必影响到他们的交易决策。而股价上扬、市场高奏凯歌之时，人们个个大胆地追加资金，仿佛只要投入就注定有回报，此时，市场的风险被人们遗忘了，或者是他们虽然意识到了风险的存在，但他们高估了自己的心理承受力，一旦美梦破灭，就会后悔不已。尤其是那些被行

风险承受力与年龄和性别的关系

心理学家从统计学的角度出发，对人们的风险承受能力进行了研究，结果表明，人们的风险承受力与年龄和性别有很大的关系。从总体来看：

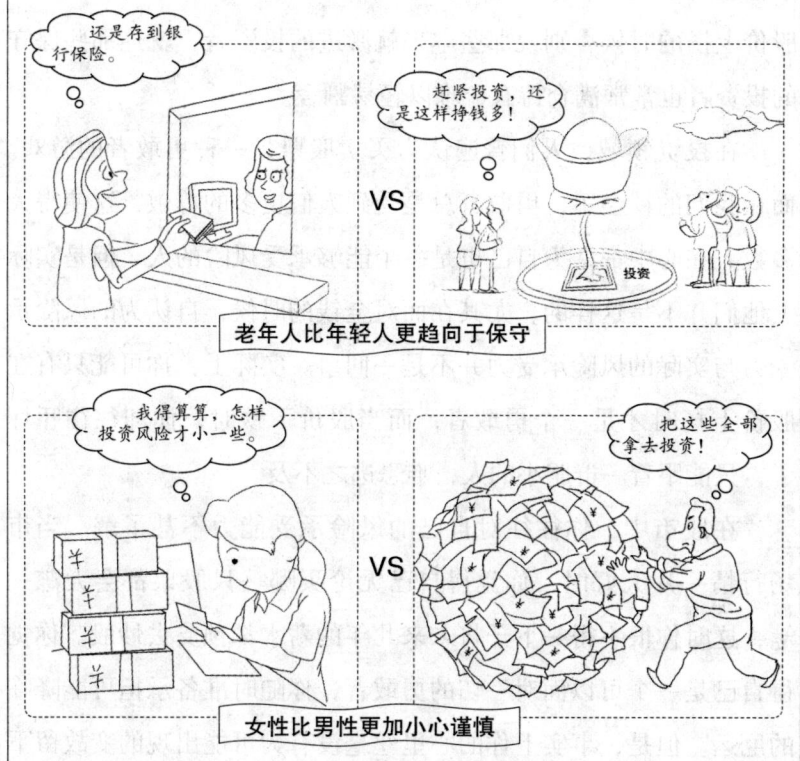

还是存到银行保险。

赶紧投资，还是这样挣钱多！

投资

老年人比年轻人更趋向于保守

VS

我得算算，怎样投资风险才小一些。

把这些全部拿去投资！

女性比男性更加小心谨慎

VS

情冲昏头脑、将自己的全部家当都投进去的人，将会为他们的盲目付出惨重的代价。

许多研究投资心理学的学者发现，要准确描述人们对风险的承受力几乎是不可能的。那些现代心理学中常用的研究方法，如访谈及问卷并不能考察投资者的风险承受力，因为人们对风险的承受能力是建立在情感之上的，而且随着情况的变化，人们自我感知的风险承受力也会有很大的变化。当股价下跌时，即使那些平常显得最大胆、最冒进的投资者也会变得畏首畏尾起来；而在股价上扬的时候，别说那些本来就激进的投资者，就连那些保守的投资者也常常满仓持有，难以轻易割舍。

在投资领域，人们普遍认为买卖股票是一种勇敢者的游戏。而在我们的社会里，勇敢者总是受到人们更多的尊敬，这使得大多数人在心中都认为自己也是一个能够承受风险的人。但是实际上他们并不是这样的，尤其在面对金钱的时候，自认为的风险承受力与实际的风险承受力并不是一回事。实际上，你可能只有在股价上扬时才是一个勇敢者，而当股价下跌时，你却往往吓坏了，只能跟着一群胆小的人，唯恐逃之不及。

在股市中，你往往对自己的风险承受能力不甚了解。当市场行情一片大好时，你觉得自己无论买哪一只股票都会大赚一笔，这时你恨不得一下子将未来几年的薪水都预支去炒股。你觉得自己是一个可以面对一切的勇敢者，你随时准备承担可能降临的厄运。但是，事实上你的心里丝毫没有为可能出现的变故留下

20几岁
要懂点心理学

余地，你的勇敢只不过是轻度妄想症的白日梦罢了。一旦股价下跌，你就会变得异常胆小，担心你今天买入，明天它还会接着跌，那时你的钱会变少，而这是让人无法接受的，于是你就持币观望，不敢行动。

对任何一个投资者来说，客观地认识自己的风险承受力都是十分必要的。在股市中，千万不要对自己的风险承受能力妄下断语，天真地认为自己无懈可击，因为你的风险承受能力会随股价而波动。因此，你必须客观地认识自己，你越是客观，你就会越冷静，也就越容易做出正确的抉择。

过度自信影响决策

许多心理研究表明，人发生判断失误是因为总体来说人过于自信。如果选一群人做样本，问他们有多少人相信自己的驾驶技术是高于平均水平的，有70%以上的人会说他们是极佳的驾驶员——这就留下一个问题：谁是差劲的驾驶员？另一个例子出现在医疗行业。当问及医生时，他们说他们对肺炎的诊断成功率能达到90%，而事实上他们只有50%的准确率。

就信心本身来讲，这并不是一件坏事。但过度自信则是另一回事。当我们处理金融事宜时，它就尤其有害。信心过度的投资者不仅会让自己做出愚蠢的决策，而且会对整体市场产生巨大的负面影响。

　　投资者一般都表现出高度的自信，这是一种规律。他们想象自己比别人都聪明而且能选择获利的股票，或者至少他们会选择聪明的券商为他们打败市场。他们趋向于高估券商的知识和技巧。他们所依赖的信息也是能证实他们正确的信息，而反面意见他们则置之不理。更糟糕的是，他们头脑中加工的信息都是随手可得的信息，他们不会去寻找那些鲜为人知的信息。

　　如何证明投资者是过度自信的人呢？按照有效市场理论，投资者本该买股并持股。然而在过去的几年里，我们却经历了交易量的大幅度上升。理查德·萨雷认为投资者和券商都被赋予了一种信念，即认为自己掌握着更好的信息，自己比别人更聪明，所以自己能获胜。

　　信心过度解释了为什么许多券商会做出错误的市场预测。他们对自己收集的资料过度自信了，而如果所有的券商和投资商都认为他们的信息是正确的，他们知道一些别人不知道的消息，结果将会导致更大的交易量。

　　投资者趋向于认为别人的投资决策都是非理性的，而自己的决定是理性的，是在根据优势的信息基础上进行操作的，但事实并非如此。丹尼尔·卡尔曼认为，过度自信来源于投资者对概率事件的错误估计。人们总是对于小概率事件发生的可能性产生过高的估计，认为其总是可能发生的，这也是各种博彩行为的心理依据；而对于中等偏高程度的概率性事件，人们则易产生过低的估计；但对于 90% 以上的概率性事件，则认为肯定会发生，这是过度自信产生的一个主要原因。此外，参加投资活动会让投资者产生一种控制错觉，控制错觉也是产生过度自信的一个重要原因。投资者和证券分析师们在他们有一定知识的领域中过于自信。然而，提高自信水平与成功投资并无相关性。基金经理人、股评家以及投资者总认为自己有能力跑赢大盘，然而事实并非如此。有研究者在此领域作了大量研究，发现男性在许多领域（体育、领导、与别人相处）中总是过高估计自己。他们在 1991 ～ 1997 年中研究了 38000 名投资者的投资行为，将年交易量作为过度自信的指标，结果发现男性投资者的年交易量比女性投资者的年交易量总体高出 20% 以上，而投资收益却略低于女性。该数据显示，过度自信的投资者在市场中会频繁交易，总体表现为年交易量的放大，但由于过度自信而频繁地进行交易并不能让其获得更高的收益。在另一个研究中，他们取样 1991 ～ 1996 年中的 78000 名投资者，发现年交易量越高的投资者的实际投资收益越低。在一系列的研究中，他们还发现过度自信的投资者更喜欢冒风险，同时也容易忽略交易成本，这也是过度自信的投资者投资收益低于正常水平的两大原因。

如果市场是有效的，人的投资行为也服从理性的话，那么人们就应当认真选择股票，并在一定期间内持有它，而不是一有风吹草动便着急动作。正因为大多数机构投资者与个人投资者都有过度自信的通病，他们认为自己能够战胜市场，将别人丢在后面，所以他们不断地买卖股票，认为自己能抓住市场波动的规律而大获其利。这也就是为什么市场的交易量总是很大、股票的换手率通常很高的重要原因。这些人认为他们比其他人更聪明，他

合理地规划投资

合理地规划投资，减少过度自信带来的不利影响，才能有效防范未来可能存在的风险。而解决这个问题的办法可以从以下三种理财方式中获得。

> 这是这个月的存款。

用日常收入的 30%~40% 尽早进行投资和部署

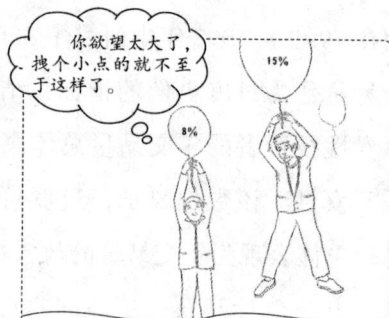

> 你欲望太大了，挑个小点的就不至于这样了。

减少欲望，不盲目追求高回报，为自己设定合理的报酬率

投资组合化，不做单一投资，通过分散投资来分散风险

们掌握着被别人忽略的信息，所以他们能够获胜。

过度自信使许多证券商对市场做出了错误的预测。作为专业机构与人士，他们自认为比别人更了解股市，也更能把握它。他们可能搜集了大量的信息，可能对市场的变化有很强的敏感性，但这都不应当是他们自认为聪明的原因。因为事实上，他们知道的东西别人也同样知道，而且别人可能还注意到了被他们忽略的信息，他们的自信在事实面前最终将被粉碎。

心理学家指出，那些对自我有客观认识的人并不多，更多的人认为自己比别人聪明。可真实的情况是，大多数人都是资质平平的，天才当然有，但很少。盲目自信对投资者可谓是有百害而无一利。当你觉得自己有百分百的把握去购买某只股票时，切记不可将这种信心当成是理由。别忘了，全世界像你这样满怀信心去做傻事的人不计其数。

尽量返本效应

在投资领域，失败者并不总是回避风险，人们通常会抓住机会弥补损失。通过实验研究发现，在赔钱之后，绝大多数的被试者采取了要么翻倍下注要么不赌的策略。被试者尽管知道赢的概率可能会低于50%，但是他们仍然愿意冒风险。此时，希望返本的愿望似乎比蛇咬效应更强烈一些。这种现象就叫作"尽量返本效应"。

尽量返本效应的例子可以在赛马中看到。经过一天的赌马而赔钱之后，赌博者更愿意参与赔率高的下注。15：1 的赔率意味着 2 美元的赌注可能会赢 30 美元，当然，赔率为 15：1 的马赢的可能性很小。赛马快结束的时候人们在赔率高的马上下注的赌资比例要比刚开始的时候高，表明人们更不愿意在一天的早些时候冒此风险。另外，那些已经赚了钱（"赌场的钱"效应）或者是赔了钱（返本效应）的赌博者会更愿意冒这种风险——赚钱的人愿意冒此风险是因为他们感觉他们在玩赌场的钱；赔钱的人愿意冒此风险是因为他们想抓住一个可能翻本的机会，因为此时赛马快结束了，赔也不会赔得太多。而那些赔得不多赚得也不多的人则宁愿不冒此风险。

我们来看一下在芝加哥期货交易所专职进行国债期货交易的专业交易员的例子。这些交易员在一天的交易中靠持有头寸及提供市场服务来获取利润，而这些头寸通常都要在一天结束时平仓。他们每天都会计算盈利，如果上午赔了钱的话，他们下午会怎么做呢？约斯华·卡佛和泰勒·沙姆威研究了 426 名这样的交易员在 1998 年的交易数据，他们发现这些交易员在上午赔钱之后，下午可能提高风险水平以期弥补上午的损失，而且，他们更愿意选择与对手交易员（而不是市场的一般投资者）进行交易，平均而言，这些交易最终都是赔钱的交易。这一现象显示了一个投资者在经历损失之后可能发生的变化。

这就验证了前文所说的，大多数人在赔钱之后采取了要么不赌要么翻倍下注的策略。那些选择翻倍下注的人是想抓住机会弥补损失，尽可能地将自己的损失减到最小。

股民常见的心理误区分析

投资者欲取胜于市场，必须首先征服自己的心理弱点。在市场中有效地进行自我调节，把握自我，培养一种健康成熟的心态至关重要。股市尤其是 B 股市场，风云莫测，危机四伏，在不断震荡的股海中，投资者要想获得成功，有雄厚的资金是必要的，但具有良好的投资心理更为关键。一些投资者由于缺乏正确的投资心理，难以适应风云变幻的证券市场，追涨杀跌，结果一败涂地，有的甚至倾家荡产。下面是几种股民常见的心理误区：

盲从心理

具有盲从心理的投资者在股票市场上缺乏自信，没有主见，道听途说，满脑子张三李四的意见，唯独排斥了自我的见解，人云亦云，其结果只能是输掉股票。

投资者要想克服盲从心理，首先必须系统地学习，掌握证券投资知识和操作技巧，否则，投资股票就如瞎子摸象。一个掌握足够证券知识的投资者能透过市场出现的各种现象把握股市变化的规律，正确预测市场走势。一个人掌握的证券知识越充分，他就越自信，绝不会受别人影响。而一旦他对股票市场的动向有了基本的见解之后，即使持相反观点的人很多，他也不会轻易地改变自己的立场。其次，投资者要养成独立思考和判断的习惯。因为股市上永远是先知先觉者太少，后知后觉者太多，"事后诸葛亮"太多。在股市上，总是少数人赚多数人的钱。所以要培养独立判断、逆向思维的能力，当大多数人"做多"时，自己应寻找"做空"的理由，因为真理往往掌握在少数人的手中。

贪婪心理

投资者想获取投资得益是理所当然的，但不可太贪婪，要知道有时候，投资者的失败就是由于过分贪心造成的。

贪心是人性的一个弱点。行情上涨时，投资者一心要追求更高的价位、获得更大的收益，而迟迟不肯抛出自己的股票，从而使得自己失去了一次抛出的机会；当行情下跌时，又一心想行情还会继续下跌，所以犹豫不决，迟迟不肯入市，期望以更低的价格买进，从而又错过了入市的良机。希望最高点抛出是贪，希望最低点买进也是贪，而贪心的最后结果不是踏空，就是被套牢。其实不论是做股票还是做期货，最忌的就是"贪心"。那如何克服"贪心"这一弱点呢？答案就是投资者要保持一颗"平常心"。因为想正确地判断出股价的顶部和底部是件极不容易的事情，要在每一次高峰卖出而在低谷买进更是"痴人说梦"。作为投资者，在预定行情达到八九成时就应知足了，毕竟从事证券投资应留一部分利润给别人赚。不乞求最高点卖出、最低点买进，保持"舍

投资市场上盲目跟风的原因

在投资市场上，人们为什么常常重复犯盲目跟风、追涨杀跌的毛病呢？主要原因有两个：

哎，我根本不懂，总是赔，以后还是跟着大家走吧。

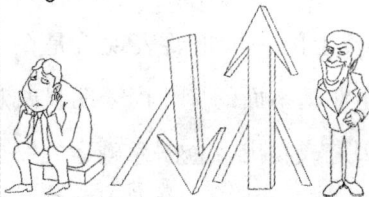

1. 缺乏系统的股票证券等投资知识

不能把握市场走势，从而只能以别人的行为作为参考。

这么多人买啊，等等我，我也买！

我买　我买

2. 从众心理的影响

很多人看到大家都买，就觉得自己也要买，是典型的从众心理。

盲从心理是证券投资的大忌。没有自信，就只能老是跟在他人后面转，见涨就跟，见跌就抛，这样必然会吃亏。

头去尾，只求鱼身"的心态，只有这样，致富的机会才能不断地光顾你。从事证券投资，收益目标不要定得太高，致富的欲望不要过于急切，不要乞求短时间发大财，成为巨富。应认清证券投资的规律，放弃空想，抑制贪念，只求赚取合理的差价。行情要一步步地了解，利润要一点点地赚，稳扎稳打，步步为营，积少成多。

赌博心理

具有赌博心理的投资者在投资上的一个重要表现就是在大盘或个股的走势还不明朗，或在企业基本面的变化尚未明显改观之前，仅凭借自己的猜测就轻易买进或卖出，企图靠碰运气发上一笔。例如，在大盘下行趋势尚未改变之前，许多人为买到最低价，经常去猜测市场的底部，结果是常猜常买常套。"高位博傻"也是"赌"的一个重要表现。这种投资的指导思想是：不怕自己是傻瓜而买了高价货，只要别人比自己更傻，愿意以更高的价格进货，自己就可以将股票卖给后一位傻子而赚钱。之所以说这种做法是赌博，是因为这种投资策略面临的不确定性太大，因为别人是不是比自己傻谁也说不清楚。而一旦高价股拿到手后没有后来者来接货，后果就将不堪设想。这几年，重组股的炒作风起云涌，一浪高过一浪，多家企业在重组题材的刺激下，股价连连上涨。于是一些投资者就把大把大把的钞票"押"在了绩劣垃圾股上，希望有朝一日"乌鸦"能变成"凤凰"。然而时间一年一年过去，"乌鸦"不但未变成"凤凰"，自己反而在亏损的道路上越走越远。这正是"高位博傻"这种赌博心理失败的一大典型例证。

投资者若抱着赌博心理进入股市买卖股票，无疑是走向失败的开始，在股票市场行情不断下跌中遭受惨重损失的往往是这种人。因为这种人在股市中获利后，多半会被胜利冲昏头脑，像赌棍一样不断加注，直到输光为止。而在股市中失利后，他们又往往会不惜背水一战，把资金全部投在某一种或若干种股票上，孤注一掷。结果，往往是股价一天天下跌，钱一天天减少，最后落得个"偷鸡不成反蚀把米"的下场。

每个投资者都希望自己买到最低价、卖到最高价，但这种过于完美的生意只存在于人们的幻想之中，因为你"不可能榨干最后一滴萝卜汁"，虽然许多人都在试图这么做——下意识地想从交易中赚到最后一点利润。从某种意义上讲，这种过于完美的要求等于是在说水不解渴、太阳不发光、地球不绕太阳转，这不仅不现实，而且属于贪得无厌。

常言道："久赌必输。"从事证券投资，光靠运气是不行的，好运气不会永远跟着人走，存有任何侥幸心理所做的投资决定往往都是很危险的，损失也是惨重的。因此，投资者必须克服赌博心态，必须清醒地认识到，任何事物的发展都是有规律的，股市也不例外，虽然股价每日都在波动，但它的波动也是有规律的。要想在证券市场上取得成功，就不能靠侥幸，而必须靠丰富的证券投资知识、操作技巧、超人的智慧和当机立断的决心。透过市场价格不断波动的现象，把握股价的走势规律，理性决策，这样才能在证券市场上取得成功。

股市上的胜利者往往具有高瞻远瞩的眼光和过硬的心理素质，能透过种种现象看本质，不抱"随便"和从众心理，并让每一次决定都源于深思熟虑。而这种平和淡然的心态，正是股海中人最难得的优势。

第十二章

男性心理学：为什么男人讨厌陪女人购物

男人和女人有很大不同

男人和女人共同组成了人类这个大家庭。虽然同属一个物种，但男人和女人却有着很大的不同，在思维方式、感情倾向等方面有着很大的差异。男人常常对女人的想法感到费解，而女人也常常觉得男人的做法不可思议。面对同样的问题，男人和女人大多都会做出不同的反应。更要命的是，男人和女人还经常相互误解，用自己的想法去揣测对方的心理。在现实生活中，有关两性的问题层出不穷，其原因就在于人们还没有认识到男人和女人之间的巨大差异。

男人的思维是单向思维，他们每次只能思考一件事；而女人的思维是网状思维，她们常常可以同时做几件事情。男人的单向思维决定了男人的专注性更强，他们可以一心一意地做一件事情，不容易受其他事情的打扰；女人的网状思维则决定了女人的想象力更丰富，这使得她们更具有创造性，但她们很难将全部注意力都集中在一件事情上。此外，在看待问题上，男人更善于从大处着眼，而女人则倾向于从细微之处入手。所以，男人更适合掌控大局，女人更适合做具体的工作。

男人更喜欢同男人聊天，女人更喜欢与女人交谈，因为同性之间有更多的共同语言。当女人对着一位女性朋友大谈电影中的精彩镜头时，她们可以聊得非常起劲儿，但如果同一位男性朋友说，则大多会换来对方的冷淡回应。为什么会出现这种状况呢？

因为男人和女人在看电影时的侧重点不同。男人更注重整个故事的轮廓，对于其中的细节很少留意；女人则注重细节，她们不仅能记住剧情，而且还能将精彩的台词复述出来。

对于同一句话，男人和女人常常会解读出不同的意思。男人大多会直接解读，而女人则会根据一些非语言信息进行解读。比如有人对男人说了一句："你的衣服真好看！"男人常常会认为是对自己的真心赞美。如果有人对女人说了同样一句话，女人则会根据说话人的语气及表情等其他因素来判断对方是在真心赞美自己、刻意挖苦自己，还是另有目的。同样，男人说话时也大多会直接传达自己的意思，而女人则喜欢拐弯抹角，通过间接的方式表达出自己的真正意思。

男人的思维方式与女人的思维方式有着很大的不同。当男人沉默时，那是他们在思考问题，这个过程在女人看来是无声的，但在男人的大脑中却是有声的。也就是说，男人在用脑"说话"，他们在默默地自言自语。女人正好相反，女人的思考方式不是用脑，而是用嘴，当女人将一系列问题毫无逻辑性地说出来时，那正是她的思考过程的言语体现。

思考一件事情，男人更关注的是事情本身，而女人则会由此联想到很多其他的事情，有些可能与这件事根本就没有关系。当男人与女人共同讨论一件事时，开始时他们或许还能就事论事，可说着说着，女人就开始跑题了，到最后干脆脱离了主题。男人的思维可能还停在原来的主题上，但女人却可能已经更换了无数次主题了，所以交谈进行的时间越长，就显得越不合拍，有时男人甚至根本就不知道女人在说什么。

男人擅长的事物与女人不同，男人感兴趣的事物也与女人的有所差异，所以男人和女人经常出现话不投机的现象。当男人对着女人侃侃而谈国际时事和最新的军队装备时，女人虽然表面上在倾听，实际上心早就飞出很远了。此外，在生活习惯上，男人和女人也大不相同。比如说男人喜欢体育节目，女人则喜欢情感剧；男人喜欢不停地变换电视频道，女人则喜欢停留在固定的频道上；男人很少探听朋友的私生活，而女人却能将朋友的私事娓娓道来。

在对待情感的问题上，男人和女人的表现也大不相同。男人追求女人，其目的是征服女人，满足自己的征服欲；女人追求男人，则是希望将男人占为己有，与男人确定关系。女人很容易坠入爱河，以婚姻为恋爱的终极目的；男人则对婚姻比较谨慎，将恋爱与婚姻分得比较清楚，时机未到绝不谈及婚姻。在确定恋爱关系以后，女人希望将男人拴得死死的，恨不得两个人一刻也不分开；男人则希望保持自己的自由之身，可以继续与朋友聊天喝酒，继续看自己喜爱的体育节目。女人更注重家庭，男人更注重事业。女人会用心经营自己的感情和婚姻，而男人却很少将时间花在这些事情上。

男人和女人的差异当然不只上面提到的这些，这里不再一一列举。只有我们认识到男女之间存在着巨大差距，才能进一步探索男女差异的原因，找到有关男女两性问题的真正答案。

男人和女人的差异绝非特殊现象，而是一种普遍存在的社会现象。男人的世界有男人的语言和生活方式，女人的世界有女人的语言和生活方式。所以，男人进入女人的世界会感到不适，女人走进男人的世界也会水土不服。

从不适应到适应需要一个过程，而了解对方世界的过程即是适应的过程。世界上只有两种人，男人和女人要在一起工作、生活，还要结婚生子，如果总是处于这种不适应和水土不服的状态，那么各种各样的问题就会接连发生，严重影响生活的质量。

差异并不可怕，只要尊重差异，理解差异，那么男人和女人就可以和睦地相处。当男人和女人都能轻松走进对方的世界而没有丝毫不适时，男女之间的问题也就彻底解决了。

男人为什么讨厌女人给自己建议

男人有一个共同点，就是愿意给别人出主意。很多时候，当女人向他们倾诉时，他们只要听就行了，可他们偏不，认真听着的同时还要不时地提出自己的建议，告诉女人应该怎么办。可想而知，他们的好心会换来什么结果——女人越来越激动，越来越愤怒，指责男人只会说风凉话，一点儿也不重视自己的感受。男人也被女人的话激怒了，自己好心帮助女人解决问题却遭到对方的无理指责，简直不可理喻。

生活中这样的场景并不少见。男人是关心女人的，女人是信任男人的，可为什么对彼此的关心和信任会演化成一场战争呢？原因就在于男人和女人互不理解，男人不了解女人渴望被人倾听，女人也不了解男人喜欢给人出主意。

男人喜欢给人出主意，是他们在漫长的进化过程中形成的天性。作为狩猎者，男人的任务就是要精确地击中猎物，为全家提供食物，这也是他们自身的价值之所在。也就是说，男人以击中目标的能力来衡量自身的价值。经过长期的进化，男人的大脑中出现了一个专门负责击中目标的区域，也是这个区域让男人有了存在的价值，而男人也变成了以结果为重的人。他们看重事情的结果，注重自己取得的成就和解决问题的能力，因为这是他们存在的价值。

男人之所以喜欢给人出主意，就是因为他们将解决问题的能力看得很重，并以此来衡量一个人的自身价值。女人如果接受了男人的建议，使自己的问题得到了解决，就是对男人自身价值的肯定。所以，当女人向男人提出问题时，男人也会将其视为一次展现自己解决问题能力的机会，并尽自己最大的努力去帮助女人解决问题。在男人看来，女人既然提出了问题，就是希望解决问题，而他们恰好可以给予女人这样的帮助。

男人喜欢给别人出主意，但却讨厌女人给自己建议，除非是自己主动请求帮助，否则他们绝不想听到任何建议。

生活中也常有这样的情景出现：当女人看到男人正在苦苦思索问题的答案时，就会提出自己的建议。女人觉得自己这样做是

女人要学会给男人展现能力的机会

男人希望在心爱的女人面前展现自己的能力，让女人以自己为荣。当男人的能力被认可的时候，那是他们最骄傲、最自豪的时刻。

女人应该给男人展现能力的机会，让他们去证明自己、超越自己，这既是对男人的信任，也是在帮助男人进步。

既然你都这么厉害了，我就做你身后的小男人好了。

当男人觉得自己处处不如女人，什么都做不成的时候，他们就会自怨自艾，不再追求进步了。

无论自身能力多么强的女人，都需要美满的婚姻和幸福的家庭。让男人更爱自己并不需要费多大的心思，只要给男人以充分展现能力的机会就可以。

关心、体贴男人的表现，而且也可以为男人分忧，因此男人应该感激她们。可是，事实却恰恰相反，男人不但对女人的"好意"毫无感激之情，而且还十分讨厌女人的建议，他们认为这是女人不信任自己、看不起自己的表现。

对于男人的不满，女人往往无法理解，自己如此体贴、关心男人，尽自己的力量帮助他们，为什么还会招来男人的不满呢？如果不是深爱着男人，又怎么会主动提供建议和帮助呢？难道他们没有感受到自己深深的爱意吗？女人可能会觉得很委屈，站在她们的角度来看，她们确实没有错，也确实有些委屈。不过如果女人了解了男人的心理，那就不会再以这样的方式去表达自己的爱意了。就像女人在倾诉时不想听到男人的建议一样，在男人苦苦思索问题时，他们也不需要不请自来的建议。

对男人来说，独立解决问题的能力是非常重要的，这是衡量一个男人自身价值的重要标准。如果有人怀疑男人独立解决问题的能力，那就是对其价值的否定。女人正是因为不小心犯了这样的错误，所以才造成了男人的误会。

当男人遇到麻烦时，女人应该表示出自己对男人的信任，因为陷入困境的男人是脆弱而无助的，在这种情况下，他们最需要的就是来自他人的信任和鼓励，尤其是来自自己心爱女人的。女人可以选择沉默，不去打扰男人，并相信男人可以依靠他们自己的力量来解决问题。男人会对女人的信任异常感动，这会激励他们的信心，增加他们的动力，更重要的是他们会更加宠爱女人。

这就是说，即使女人已经有了解决问题的办法，也要克制住自己不直接给男人建议，这才是向男人展现爱意的最好方式。

我们经常看到生活中很多能力出众的女人，她们的老公一事无成。出现这样的状况或许不能都怪男人，女人能力太强，不给男人表现自己的机会，这会让男人的信心大大受挫，时间长了自然也就毫无斗志了。

为什么男人讨厌陪女人购物

说到购物减压，往往是女人的专有名词。哪怕只提到"购物"二字，人们也会在第一时间联想到女人。没办法，女人就是喜欢购物，几个女人可以漫无目的地在商场逛上一整天，而且无论买不买东西，心情都会变得轻松而愉快。

心理学家对女人购物给出过这样的解释：女人的确可以通过购物减压，释放压力，获得快乐，因为女人通过购物可以完成从工作的服务角色到"上帝"的转换，尊严感在购物过程中得到了极大的满足；购物时的高度专注，可以帮助女人忘记工作中的不愉快，有利于她们调整心态；买到一件满意的商品时，特别是买到一件满意的衣服时，女人会有很强的成就感，甚至是对自身形象直至整个自我的肯定。由此看来，女人购物的确是一种享受。诚如弗洛伊德说的，做出一些非理性（冲动消费）的行为，也是

女人为什么喜欢逛街

购物是一种"照顾性"的行为，女人抽出时间去逛商场，摆脱为伴侣和家人着想的生存模式，就等于在照顾自己。

女人逛街出于一种"群体认同心理"。在商场中她们遇到的大部分是女性，共同的购物行为可以得到一种彼此的认同感。

天下的女人都爱美，她们不但喜欢把自己打扮得漂漂亮亮的，而且喜欢欣赏商场里那些美的东西。

还有一个重要的原因是，她们可以和女性朋友一起逛，一边逛一边聊天。这样可以起到双重的减压效果。

几乎每个女人都喜欢在休闲时间逛商场，无论是在平时还是假日，商场里几乎是女人的世界。这种喜欢逛商场的习惯源于她们作为"采集者"的史前角色。

自身心理能量的一种释放。

男人就不同了，他们不喜欢购物，通常都会由他们身边的女性代劳，比如说他们的妻子或母亲。即使男人外出购物，也会速战速决，绝不会在商场停留太久。大多数男人在商场停留 20 分钟之后，就会感到大脑发涨。

对男人来说，购物简直就是一种折磨，他们不但不会因为购物而变得轻松，反倒会变得精神紧张。英国的心理学家戴维·路易斯博士经研究发现，男人在购物时的精神紧张度可以和警察处理暴徒时的精神紧张度一样高。

男人更讨厌陪女人购物。男人一般都会将购物时间控制在 20 分钟以内，但这短短的 20 分钟显然是无法满足女人的要求的。如果男人答应陪女人购物，那就意味着男人要花比 20 分钟多得多的时间泡在商场里，这将让男人变得异常烦躁和沮丧。

男人讨厌陪女人购物和他们的进化过程有关。

原始社会中，男人最初的任务是狩猎，在狩猎过程中，男人的目光必须始终盯住猎物，并尽快捕杀猎物。他们的视野比较狭窄，往往是直线性的。他们喜欢沿着直线前行，而不喜欢七拐八弯地绕行。男人没有挑选猎物的经历，当他们发现猎物时，就会立即做出捕杀的决定，并迅速猎取，然后马上回家。现在，男人仍然在以同样的方式购物，他们发现自己想要购买的物品以后，就会迅速做出购买的决定，然后将其带回家。男人不喜欢货比三家，更懒得精挑细选。

可是女人不同。远古的女人在采集果实时需要四处探寻，找到最美味的果实，然后再带回家。女人今天的购物方式也与此相似，她们不愿意放过任何一家店铺，各种各样的店铺琳琅满目，女人喜欢在其间不断地穿梭，以寻找自己最喜爱的商品，但这对于习惯直线行走的男人来说显然是很难适应的，因为每次转弯他们的大脑都要做出清醒的判断。

从根本上说，男人讨厌陪女人购物是受不了女人在商场里长时间漫无目标地转来转去，因此，女人如果希望男人陪自己购物，那就要给男人一个确切的目标或一个时间表，而且要尽量压缩购物时间。当男人有了目标之后，他们就会更有动力，只有让他们为了实现既定的目标而努力，他们才不会感到忧虑和紧张；如果女人希望男人将某种商品买回家，那最好告诉男人具体的牌子和价位。当男人找到商品之后，别忘了表扬他们。男人本不擅长购物，所以女人必须不时调动男人的积极性才行。如果女人让男人陪自己买衣服，就一定要提前确定自己要买的款式和花色，不要让男人跟着自己到商场四处转，也不要一件接一件地试起来没完，更不要一个劲儿地询问男人的意见。男人的大脑很难把握花色和款式，他们不能给女人有价值的参考意见，而女人一再的询问却会让他们心烦意乱。

男人购物是讲究效率的，他们希望在短时间内选购到自己需要的商品。如果转了一圈后女人什么都没买，男人就会非常郁闷。所以，如果女人只是想随便逛逛，没有确切的目标，那就最好找自己的女性朋友陪，而不要让男人陪。

为什么男人不爱问路

　　男人的方向感要明显优于女人，很多男人都可以在一个空旷的地方轻易分辨出北方，而女人则大多做不到这一点。在现实生活中，迷路的也大多都是女人，男人则很少迷路。当然，男人不容易迷路是有前提条件的，那就是他们曾经走过这条路线或者他们手里有这个地方的地图。在一个陌生的地方，在没有任何帮助的情况下，男人也很难迅速找到目的地。

　　虽然说男人的方向感比女人强，但在一个陌生的地方而手中又没有地图的情况下，女人却往往会比男人更早到达目的地。

　　这是为什么呢？因为男人不爱问路，而女人则会主动问路。

　　男人为什么不爱问路呢？

　　在长达十万年的岁月里，出色的方向感一直都是男人的看家本领，让他们去问路那就意味着让他们承认自己的看家本领不行，这是男人无法忍受的。对于男人来说，证明自己的看家本领是很重要的，这也是他们自身价值的体现。所以，男人宁愿开着车在路上绕圈子，也不愿下车问路。美国《消费品营销杂志》刊登的一项由美国新罕布什尔大学酒店管理学教授尼尔森·巴伯及其同事完成的新研究发现，男人购物时也有同样的表现。他们研究调查了 543 名购买葡萄酒的顾客，结果发现，女性购物时多会向朋友或家人征求意见，而男人则会通过非人际渠道（出版物等），独自"研究"相关信息。

男人在迷路时的镇定自若完全是装出来的，他们不过是想给身边的女人信心，让她们相信自己完全可以找到路。但实际上，男人的心里并没有底，他们也不知道自己能不能找到路，只知道自己必须努力地寻找，而且绝不会在女人面前下车问路。如果在女人面前问路，男人就会觉得自己很失败，无法给女人信心和保障，这对他们来说是一种羞辱。

女人作为守巢者，准确辨别方向对她们来说并不重要，因此她们不需要发展这方面能力，而且在这方面犯错也是很正常的事。她们不需要像男人那样背负过多的责任和压力，即使表现出担忧和疑虑，也不会对男人产生太大的影响。由于女人没有这样、那样的顾虑，所以她们可以理所当然地迷路，也可以名正言顺地下车去问路，这并不会带给她们任何失败感，她们更不会因此而感到羞辱。

当女人发现男人在开车转圈时，千万不要当场揭穿他，也不要给他任何建议或催他下去问路，更不能批评指责他。女人可以什么都不说，默默地支持男人。当然，如果确实有很急的事情要做，而男人又迟迟找不到方向，那就不能任由男人来回兜圈。女人可以找借口下车去买东西或上厕所，这样，在女人离开的这段时间里，男人就会跑下车去问路，既给了男人面子，又节省了时间。

男人不允许自己犯错

　　男人不爱问路，这源于男人长期以来形成的责任感与自尊心。

　　1. 男人作为家里的顶梁柱、生活来源的主要猎取者，他们是不允许自己犯错的。

　　2. 他们必须给他们的家人信心，让家人相信他们完全可以捕获到猎物，让一家人继续生存下去。

　　3. 如果他们不能把猎物带回家，他们就会觉得自己很失败，没有尽到自己应尽的责任。

为什么男人热衷小团体

男人喜欢聚集在一起组成同性别的组织，这样的男性团体几乎随处可见。这和男人的进化有关。最初，男人作为狩猎者，一直都是以小团体的形式存在的。无论是外出追捕猎物，还是抵御外来敌对势力的侵犯，男人都不是孤军奋战，而是几个男人组织在一起，共同应对。换句话说，男人需要以这种团结的形式去面对局外人，让自己更加强壮，这是他们的生存法则。

男人这样做当然是出于人身安全的考虑。原始社会的自然环境十分复杂，凶禽猛兽随处可见，无论是在狩猎的路途中，还是在狩猎的过程中，遭遇猛兽的袭击都是很有可能的。如果男人单独行动，别说捕获猎物了，就连自己的性命可能都要搭进去。如果合几个男人之力，就可以在与猛兽的搏斗中占据优势，保住性命。为了能把猎物带回家，男人必须首先保证自己可以活着回来，所以说，他们需要与其他男人组成一个互相依靠的团体。

家也不是绝对安全的。猛兽不可能因为那是你的家就绕道行走，敌人也不可能因为那是你的家就不去侵犯，这就是说，猛兽和敌人随时都可能对他们的家进行袭击。当遭遇外来侵犯时，男人如果只依靠自己的力量，显然是无法击退对方的。他们必须依靠周围的其他男人一起击退敌人。同样，当其他男人遭受外来袭击时，他们也会毫不犹豫地赶过去帮忙。因为他们是一个团体，只有紧紧地团结在一起，才能确保自己的利益。

集体的力量对男人来说尤为重要。现代男人仍然保有这样的观念，现代男人也同样热衷小团体，都有组成小团体的强烈愿望。

有些人可能会感到不解，大团体的力量肯定比小团体的力量大，为什么男人不热衷大团体而偏偏热衷小团体呢？因为他们不想与更多人分享他们的资源。既然男人捕获猎物要依靠集体的力量，那么获取的猎物自然也就归集体所有，每个人可以分到一部分。如果分享猎物的人数过多，那每个人分到的就会非常少，这样就无法养家糊口了。

男人通常只会信任自己周围的几个人，他们不会信任更多的人，因为太多的信任常常会让他们置于危险的境地。所以，他们只与自己周围的男人组成同盟，而不会轻易接受其他外来者的加入。在男人看来，只有几个人紧紧地团结在一起，劲儿往一处使，才能产生强大的力量。如果团体中有人生了二心，甚至背叛了这个团体，那就会让团体中的其他人处于危险的境地，而且很可能为这个团体带来灭顶之灾。所以，男人不敢冒这么大的风险随意让人加入自己的团体，除非他们可以完全信任这个人。

此外，由男人组成的小团体还可以产生重要的实际作用——提高团体成员的社会地位和政治地位。一个无坚不摧的团体必然会受到人们的尊敬和爱戴，而作为这个团体中的一员，自然也是十分荣耀的。

和男人相比，女人没有这样的需求。女人不需要小团体的保护，她们会与所有留守的女人为善，与其交流。当她们遭遇危险时，所有留守的女人都会团结在一起，共同抵抗外来的侵袭。她们不会排斥其他女人，也不会总是与固定的对象交往，她们享受大家庭的感觉，希望与所有女人都成为朋友。组成小团体只会让她们被更多女人排斥，这对她们显然是不利的。

第十三章 女性心理学：为什么女人喜欢长篇大论和喋喋不休

神奇的“女大十八变”

“女大十八变”，这一句俗语一般被理解为女孩长到 18 岁后，相貌就会越来越好看。的确是这样，女孩到了 18 岁时，就进入了青春期，青春期是最具有戏剧性变化的时期，女孩子先是身体长高，体重增加，胸部开始隆起，臀部变得浑圆，腋毛和阴毛长出，然后月经来潮，同时也呈现出女性特有的体态。

女孩身体的长高、变重和第二性征的发育、成熟，是受内分泌系统支配的。女孩子进入青春期后，脑垂体分泌的促性腺激素揭开了性发育的序幕，它促使卵巢发育长大，卵泡成熟，分泌出雌性激素。雌性激素导致第二性征的出现。卵巢一月一次地排卵，引发月经周期。促性腺激素如果过早活动，女性就会出现性早熟；如果过晚活动，青春期就会姗姗来迟。

脑垂体分泌的生长激素、肾上腺与卵巢分泌的性激素、甲状腺分泌的甲状腺激素等，都对骨骼的发育成熟和身高的增长，具有独特而又相互配合的作用。这些激素促使乳房、子宫、阴部的发育，骨盆软骨细胞的增殖，入口增宽，臀部变大，体内脂肪细胞增殖，皮下脂肪堆积等。内分泌激素的综合协调作用赋予了少女一副匀称的身材。

女性体内也有少量的雄性激素，主要是由肾上腺分泌的肾上腺素，少部分是由卵巢分泌，它促进着腋毛、阴毛生长和阴部发育。脑垂体的活动还要受下丘脑与靶腺器官的影响。当然，脑垂体激素及靶腺激素的水平反过来也影响着下丘脑和垂体的分泌功能。下丘脑—垂体—靶腺（主要是卵巢）构成了青春期"十八变"的控制轴系，它们相互依赖、相互制约，使得女孩血液中的激素浓度保持相对稳定，因而能够满足"女大十八变"对激素的需要。

高级神经活动对内分泌起着重要的调节作用。如环境改变、焦虑可引起月经周期的变化或闭经，感觉器官（嗅觉、视觉等）

青春期的女孩需要特别照顾

青春期的女孩能够更深刻地体会自己的情感。

她们对外部世界非常敏感，任何一件小事都能触动她们的情感。

受到排卵周期变化的影响，她们的情绪会发生急剧的变化。随时都可能由一种情感转变为另一种情感。

她们的情绪变化太快，别人很难理解她们，这又使她们觉得孤独。因此，这个时期的女孩需要别人更多的关心和照顾。

刺激可促进性腺活动。此外，遗传因素、气候环境、文化教育、经济状况、青春期保健、健美锻炼等也影响内分泌，进而影响青春期发育。

除了生理的变化之外，十几岁的女孩智力和情感生活也富于变化。儿童时期，女孩只能幻想性地理解她们的世界。她们开始具备抽象思维和推理的能力。她们不再表面性地被动地接受事物，而能够在个人经验的基础上形成自己的观点。她们对很多问题有了自己的想法。家长会发现，以前特别听话的乖乖女好像突然变得难以管束。她们开始探索周围的世界，对家长的言行非常敏感，开始对父母和其他人的观点提出质疑。如果受到不公平的待遇，她们就会据理力争。比如，她们不明白为什么父母可以喝酒，自己却不能；为什么哥哥可以很晚回家，她们却不可以。如果没有引导好她们，她们可能会犯错，甚至陷入绝望。因此，要引导她们学会接受这个不完美的世界。

女人更擅长拆穿别人的谎言

很多人都认为男人比女人更爱撒谎，其实不然，女人和男人一样爱撒谎，只是男人的谎话更容易被女人拆穿，所以才给人们留下了男人说谎更多的印象。

为什么女人更擅长拆穿别人的谎言呢？这是因为女人对肢体

和语音信号有着超强的辨别能力，这种能力可以帮助她们洞察其他人的真实心理。女人的这种能力是由先天的生理因素决定的，是在长期的进化过程中形成的，这既是她们的生存需要，也是她们的生活需要。

相对男人来说，这种能力对女人更重要。在人类漫长的进化过程中，女人一直都承担着繁衍后代和照顾孩子的重任，当男人外出劳动时，她们必须独立面对随时可能发生的紧急状况。在身体状况上，女人无疑是天生的弱者，所以她们必须能够迅速识别接近她们的人的来意，及时发现潜藏在身边的危险，这样才能更好地保护自己和孩子。如果不具备这样的能力，她们就会将自己和孩子暴露在危险之中。也就是说，女人的识别能力其实是对自己的一种保护，是生存的需要。另一方面，在相当长的一段历史时期，女人的主要职责都是照顾孩子，所以准确识别孩子的情绪，也就成为她的生活需要。她们必须能够迅速判断孩子的真实情感，这样才能更好地与孩子进行交流。社会发展到今天，女人的生活模式已经发生了很大的变化，但在进化过程中形成的一些基本能力却被保留了下来。

女人表现出来的对肢体和语音信号的超强识别能力，主要是由大脑的结构决定的。脑部核磁共振显示，女人在交流时会有14～16个脑部区域参与其中，而男人则只会动用4～7个脑部区域。这就意味着女人在交谈的同时可以做比男人更多的事，察觉到男人察觉不到的信息。在女人参与交流的这些大脑区域中，

识别说谎信号

专家研究发现，一个人无论怎么会说谎，由大脑转换的说谎模式，都会有下意识的信号被抓住。即使是普通人，只需要识别这些信号，就能够知道这个人是否在说谎。

说谎者虚伪的微笑在几秒钟就能戳穿他们的谎言。他们的笑不会到达眼睛，嘴角往往只有一边会上翘。

人维持一个正常的表情会有几秒钟，但是在"伪装的脸"上，真实的情感会在脸上停留极短的时间，所以你得小心观察。

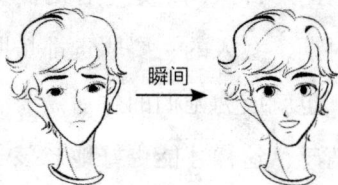

瞬间

撒谎的人老爱触摸自己，就像黑猩猩在压抑时会更多地梳洗打扮自己一样。

有些用来解码语言，有些用来解码语调的变化，还有些用来解码肢体动作等，这是女人的额外优势，也是女人感觉敏锐的主要原因。男人觉得女人有"第六感觉"，其实只是女人的感觉更敏锐罢了。

谎话之所以会被察觉到，就是因为大多数谎话都牵涉到感情因素，而一旦牵涉到感情因素，就一定会以某种形式表现出来，比如说视觉和语言信号。对于具有超强识别能力的女人来说，要识别这样的信号可以说是轻而易举的，一个异样的眼神、一声轻轻的叹息、一次不经意的摇头等，都会被女人察觉到。一般来说，谎话说得越大，牵涉到的感情因素越多，表现出来的说谎信号就越多，被人察觉到的可能性也就越大。所以，对亲密的人撒谎，尤其是对亲密的女人撒谎，谎话就很可能会失灵。

这也和女人对有关感情的事物有着更强的记忆能力有关。女人的大脑中有一个非常重要的组成部分，它的主要功能就是用来存贮、搜索记忆和使用语言。这个重要的组成部分就是海绵体。在男孩和女孩的成长过程中，海绵体的成长速度是不同的，这也就决定了男人和女人对事物的记忆能力是不同的。女孩大脑中海绵体的成长速度要快于男孩，所以，在那些涉及感情的事物上，女人比男人有着更强的记忆能力，她们总是记得谁曾经对她们说了什么样的谎话，所以，当男人再次对女人说谎时，就会被女人马上识破。由此看来，对女人说谎实在是太难了。

女人喜欢长篇大论和喋喋不休

　　有很多男人表示跟女人交流效率很低，也很累，因为女人总是跑题，而且从来都抓不住要害，这让他们浪费了很多时间。很多时候，男人甚至不知道女人究竟要说什么，以至于他们不得不打断女人的话，提醒女人回到主题上来。女人通常也会很配合，马上重返主题，但用不了多久，她们就又跑题了。因此，与女人交流，男人通常会感到身心疲惫，而且还可能根本就没有结果，这是男人最难以接受的。

　　难道女人是在故意和男人作对吗？当然不是。事实上，女人的跑题是女人自己无法控制的。女人不像男人，男人的大脑是单向性的，这就意味着男人可以将全部注意力集中到当前的主题上。男人的专注性决定了他们会直奔主题，且在交谈的过程中始终不偏离主题。

　　女人的大脑是多向性的，且左右大脑联系较为紧密，其感觉和思维的联系也比较密切，在交谈的过程中，当女人的感觉发生改变时，她们的思维就会随之改变，从而使她们的语言内容偏离原来的主题。

　　其实，女人跑题不是彻底的跑题，而是通过对其他相关事物的回想与分析，对主题做出更为合理的判断与分析。也就是说，女人会在交谈的过程中引申出其他的话题，但这些话题大多都是为主题服务的。女人更倾向于站在更高的角度，着手去解决一系列问题。她们往往会从一个点开始谈起，然后慢慢扩大到一个面，由一件具体的事物引出了很多相关的事物，也包括个人的想法和观点。换句话说，女人都具有"举一反三"的能力，她们的大脑总是不知疲倦地工作，将她们正在谈论的事物和在她们大脑中闪现的其他事物联系起来。所以，女人喜欢长篇大论，总是由一件简单的事情牵扯出很多其他的事物。当然，女人引申出的话题未必都对主题有所帮助，但她们必须通过这样的方式来思考和分析。也就是说，女人的跑题其实是她们内心的分析和思考过程，只是她们用语言将其表达出来了。

可是，在男人看来，女人的长篇大论根本就是没有必要的，因为这其中的很多内容都对解决问题毫无帮助，直接挑有用的说不就行了吗？但对女人来说，长篇大论却是很有必要的，因为只有通过对各种情况的分析和总结，她们才能找到问题的解决办法，提出有价值的观点和建议。

男人思考问题时也会想到其他相关的事物，但不同的是男人有明确的目的，他们的思考都是围绕主题进行的，所以，在交谈中，他们自然也希望女人直奔主题，抓住问题的关键发表自己的看法，这样他们的交谈会更有效率。

殊不知，这真是难为女人了。女人的大脑根本就抓不住要害。遇到一个问题，男人希望尽快解决问题，所以他们首先会考虑问题的关键在什么地方；而女人则不同，她们并不急于解决问题，而是要马上说说问题，在说问题的过程中，自己会想到很多其他的事情，解决问题的办法也往往会在此过程中产生。

　　男人还有一个困惑，就是女人为什么总能喋喋不休地说个不停。让两个女人在一起说上一整天是绝对没有问题的，她们不需

为什么女人善于语言表达

女性大脑两侧都有语言功能区，当女人说话的时候，她们大脑的大多数区域都处于活跃状态，这使她们的语言技能普遍较高。

对于男性来说，语言功能仅由左脑来操纵，语言功能区只存在于左脑后半球。因此男性不擅长说话。

大脑有两个特殊的部位——额叶和颞叶，这两个部位与语言技能密切相关。和男人相比，女人的额叶和颞叶比较大，所以女人更擅长通过语言表达感受。

要什么确定的主题，也不需要什么特定的目的，仅仅是漫无目的地聊天，她们就可以聊很久。为什么女人总有说不完的话呢？这是因为女人的语言中枢非常发达，词汇储备也异常丰富，对于一个女人来说，每天说出 6000 ~ 8000 个词语是轻而易举的事。男人却没有这个本事，一个男人每天说出 4000 个词语就已经是上限了，所以男人绝不可能像女人那样喋喋不休。

女人每天都有很多话要说，如果在工作时说不完，她们就会带到家里去说，或者是在下班后找朋友一块儿聊天。两个女人逛街时总是叽叽喳喳，说得热火朝天，而两个男人则大多比较安静；女人打电话经常在一个小时以上，而男人打电话则讲究速战速决，一般在几分钟内就挂掉了电话。这些都是语言功能不同的表现。正是因为这种差异的存在，才使得男人在与女人交谈时经常处于被动的位置，男人才会意识到女人的喋喋不休。

喋喋不休其实是女人的一种减压方式。女人发达的胼胝体虽然为左右半脑的连接提供了更多的通道，但也同时给女人带来了麻烦：女人很难像男人那样轻易地专注于一件事情，即便放松时也不行。这就是说，女人没有办法通过放松的方式来摆脱压力，因为她们根本就无法完全放松下来。

当男人做运动或者是进行一些娱乐活动时，他们的注意力就会从左脑转移到右脑，这样就使得善于理性思维和逻辑分析的左脑得到了休息，所以他们也就可以走出日常生活的压力，让自己放松下来。但对于女人来说，要让左脑完全休息下来是不可能的，即使在她们进行娱乐活动时，她们那善于理性思维和逻辑分析的左脑仍然在高速地运转着，所以她们是不可能通过这样的方式来消除压力的。而在女人喋喋不休的诉说中，通过对各种问题的回顾，她们就可以从中解放出来，情绪也会随之好转。

当然，女人并不会跟每个人都喋喋不休。只有在面对自己喜欢的人时，女人才会喋喋不休。女人喋喋不休的对象可能是她的朋友，可能是她的父母，也可能是她喜欢和信任的异性等。总之，这个人必须是女人喜欢的。如果是面对自己不喜欢的人，女人是很少说话的。男人应该明白，如果有一个女人在你面前喋喋不休，说明这个女人不是喜欢你，就是信任你，她对你一定是有好感的，否则她是不会在你面前说这么多话的。在女人看来，讲话是一种奖赏，是一种信任，只有自己喜欢的人才配拥有这种奖赏，得到这种信任。

为什么女人总是试图改造男人

很多女人结婚后都有过失望的感觉，觉得男人的表现与当初或者自己的想象相去甚远。这是由于现实跟女人的想象所产生的落差造成的。每个女人心中都有一个完美情人，她们在现实生活中苦苦寻觅，就是为了寻找自己渴望的完美情人。功夫不负有心人，当她们终于将目光锁定在某个男人身上时，她们认为自己已经找到了一生的幸福。然而事情并不像她们想象的那样，甚至可以说与她们想象中的情形相去甚远。经过一段时间的密切接触以后，女人开始发现男人身上有很多坏毛病是自己无法忍受的。

失望之后，女人不甘认命，就开始按照自己心中完美情人的标准去改造男人。女人或许会想：如果男人爱自己，就会愿意为自己做出改变。可真实的情况是：即使男人很爱女人，他也不会愿意为了女人而变成另外一个人。当男人的耳边总是响起女人要他做出改变的声音时，男人就会对这个女人感到厌烦。男人会想："既然不喜欢我，当初为什么还要选择和我在一起呢？总是试图把我变成另一个人，那还不如去找另一个男人，又直接又省事！何必在这儿折腾我呢？"男人的想法似乎很有道理，只可惜大多数女人都没有意识到，她们已经习惯了改造身边的男人，而不是去选择另一个男人。

女人对男人的直接改造很少有成功的，因为男人都渴望被肯定，而不希望被否定。一旦男人觉得自己受到了否定，就会很快产生排斥心理。

看到男人对自己的态度越来越差，女人满心委屈：在谈恋爱时，男人明明说过愿意为自己做任何事情，现在不过是让他作一点小小的改变，他就这种态度，难道当初所说的一切都是骗自己的吗？女人对男人当初的甜言蜜语还记忆犹新，可男人却早就忘了。当初的话不过是为了哄女人开心，男人根本就没放在心上，只是女人太认真了。

相对于被改造，男人更愿意为所爱的女人付出。为女人付出，看到女人因为自己的付出而沉浸在幸福之中，男人们会觉得非常满足，这是对他们自身价值的肯定，他们有能力让自己所爱的女人快乐。如果要改变自己，那就完全不一样了。女人希望改变男人，一定是因为女人觉得男人还不够好，不能让她们满意，这会让男人觉得自己受到了否定，从而产生不快。

其实，女人也不是绝对不能改造男人。如果女人能够换一种方式，在肯定男人的前提下让男人不知不觉地改变，那就两全其美、皆大欢喜了。

比如说，女人喜欢男人穿衬衫，可男人却习惯了穿T恤，如果女人直接要求男人穿衬衫，男人一定不会听女人的，因为男人会认为女人在怀疑自己的审美能力。但如果女人在男人偶尔穿衬衫时对男人大加赞赏，称赞男人穿衬衫的样子多么潇洒迷人，男人就会觉得自己受到了肯定，以后也会逐渐增加穿衬衫的次数。再比如，对于男人的某些坏习惯，女人则可以用自己的言行去影响男人。两个人长期生活在一起，受到彼此的影响是很正常的，这种影响应该说是彼此间相互适应、磨合的结果。有些男人在结婚后把烟和酒都戒了，就是因为受到了妻子的积极影响。人的本性虽然不容易改变，但是生活习惯和行为习惯却会随着生活环境的改变而发生变化。用自己的实际行动去影响男人或者用自己的真情去打动男人都是比较有效的，但一定别让男人觉得你在改造他。

如何"悄无声息"地改造男人

> 我最烦你管这管那的了！

避开直接改造。女人想要改造男人是为了圆她们心中的梦，男人不愿意接受改造是因为他们受不了女人对自己的否定。

在日常生活中，女人要善用悄无声息的方式，潜移默化地改变男人。

> 这样系上就好看多了！

善用夸奖性语言或者肯定性语言，让男人不知不觉间按照你的想法进行改变。

只要女人用爱心、耐心与巧妙的心思，长期坚持下去，用积极性的言行影响男人，那么，就会惊喜地发现，你的男人已经变成或接近你喜欢的样子了。

女人如果希望男人做出改变，就一定要抓住男人的特点，策略性地改造男人。当然，女人也不能奢望男人变成自己想象中的那样，因为人的本性很难改变，再说女人心中的完美情人实际上也是不存在的。

女人为何喜欢刨根问底

生活中经常可以看到这样的情形：当男人和女人在交谈时，女人向男人提出了一个又一个问题，而男人在回答问题的过程中，变得越来越没有耐心，最后干脆找机会离开。男人或许会感到奇怪，怎么女人总是有那么多问题呢？这哪里是在交谈，分明是在拷问！如果你觉得女人是在拷问你，那可就冤枉她了，这不过是她的语言模式罢了，她只是想通过提问的方式来了解自己想要了解的状况，仅此而已。事实上，如果你能够主动说出事情的具体情况，她就不会一再追问了。

女人喜欢刨根问底，无论什么事情，都要问个究竟，一个细节都不肯放过。对于如"很好""还行""差不多"等模糊不清的回答，女人是不会满意的，她们想知道其中的每一个细节，而不是简简单单的一句总结。

当女人问你最近怎么样时，她其实真正想知道的是你这段时间都做了什么、家里都发生了什么、工作和爱情有没有新的进展以及现在和将来有什么打算等具体的情况。如果你只回答说你最近很好，那就会让女人感到很失望，因为在她看来，你根本就没有回答她的问题。如果女人第一次发问得不到自己想要的答案，那么她们就会继续追问下去，直到对方的答案让自己满意为止。

女人刨根问底的习惯是与生俱来的，基本上所有的女人都具有这样的特点。在人类进化的过程中，女人经常要独自守护家园，但女人毕竟是天生的弱者，自己的力量是有限的，所以她们必须结交更多的朋友，与这些朋友处好关系，这样她们才能在危难之时得到帮助。

也就是说，女人能否生存主要取决于自身的交往能力。为了更好地与身边的朋友交往，她们必须要了解每个朋友的详细状况，这样才有利于整个群体的生存。所以说，女人了解细节的渴望其实是她们的生存需要。尽管时代已经变迁，但她们刨根问底的习惯却被一直保留了下来。

女人这种刨根问底的特点也和她们的大脑结构有关，女人的大脑更注重细节，所以她们希望探寻事物的细节，了解具体的情况。正是因为女人都喜欢刨根问底，都喜欢探讨细节，所以两个女人在一起才总有那么多话可说。在女人看来，跟女人交流要比跟男人交流容易得多。因为女人会主动说出事物的细节部分，不需要过多地追问，而男人则只能是问一句说一句了。

女人常常会想：为什么男人总是问一句说一句呢？为什么男人不能主动把事情说得详细具体点儿呢？她们并不明白，男人真的没什么可说的，尤其是那些细节，都已经忘得差不多了。男人自然可以理解男人的想法，但是女人并不理解，如果你对她的问题爱答不理，或者含糊其词，她就会认为你不喜欢跟她说话，或者说你正处在某种负面的情绪之中。虽然你很确定你现在的状况很好，对她也没什么不好的看法，但女人却已经做出了判断，并理所当然地相信她得出的结论。

当然，女人并不介意帮助男人回想起事情的具体情况，她们可以通过一系列带有导向性的问题让男人将自己想要了解的情况说出来，并将男人的琐碎回答组织成一个完整的片段。如果男人能够配合女人，让女人了解到她们想要了解的情况，女人就会觉得很满足。

不过要完全满足女人的需求并不容易，毕竟男人不像女人那样，可以记得事情的全部细节，如果女人一再追问那些男人已经记不清的细节问题，就会让男人很心烦。如果遇到这种情况，那么男人不妨直接告诉女人自己已经忘记了。

女人喜欢刨根问底，却并不会对所有事都刨根问底，只有涉及她们关心的问题时，她们才会刨根问底。女人一般都比较关心其他人的私生活，这与她们渴望维护关系的本能有关，是与生俱来的。对于其他如工作技术等方面的事情，女人则很少刨根问底。男人应该清楚，刨根问底是女人的天性。

第十四章 婚姻心理学：为什么婚姻会让男人安定下来

七年之痒

有资料表明，男女相爱激情一般只能维持18个月。在这18个月的时间里，双方能够如胶似漆、形影不离；18个月后，双方"黏合力"则会大大降低。可以说，当今情侣分手、夫妻离婚的频繁发生，在很大程度上是"18个月效应"在起作用。

"七年之痒"是个舶来词，出自梦露主演的影片《七年之痒》。影片故事很简单，一个结婚7年的出版商，在妻儿外出度假时，对楼上新来的美貌的广告小明星想入非非。在想象的过程中，他的道德观念和自己的贼心不断发生冲撞，最后他做出决定：拒绝诱惑，立刻赶去妻儿所在的度假地。

"七年之痒"最直接的意思是：随着时间的推移，存在于夫妇之间的新鲜感丧失，情感出现疲惫或厌倦，从而使婚姻进入了瓶颈。

有句顺口溜说：握着老婆的手，就像左手握右手。其实，夫妻相处久了，极度的熟悉和了解可能会让夫妻忽略了经营婚姻的重要性。幸福像花儿一样，你不精心地培育、浇灌、剪枝，那花就一定开不鲜艳，弄不好还会在骨朵时就早早夭折了。

在婚姻的经营上，男人绝对不如女人，尽管男人也渴望拥有美满的婚姻，但他们却对此感到无所适从，因为他们不知道究竟该怎样做。既然男人不会主动做出改变，就由女人来安排一切吧。

首先，试着跟他保持距离并给他造成适度的危机感，这是把他重新吸引到你身边的一个不错的办法。对于已经得到且其他人也不感兴趣的女人，男人常常会失去兴趣，当然也就不会有什么

怎样度过婚姻的厌倦期

人与人的感情关系，就像任何别的事物一样，接触得多了，就会因此产生厌烦情绪，怎样才能平稳度过婚姻的厌倦期呢？

赶紧喝点红糖水，然后你躺下我给你揉揉。

多考虑对方的感受

多考虑配偶的感情要求，并及时了解对方的感受，让对方感受到自己的爱。

真不错，不过等会儿你就可以尝到我刚学会的烹饪美味了。

怎么样？我今天插花课的杰作！

提高自身修养

夫妻构成的是一个共同体，只有双方共同提高修养，才会使家庭的整体修养提高。

激情。这就要求女人一定要保持自己对异性的吸引力，千万不要因为只专注于操持家务而让自己失去魅力。

其次，暂时抽离现在的生活。现实生活的压力是导致激情消失的重要原因，当男人整天被工作搞得晕头转向，女人被家庭琐事闹得心烦意乱时，生活的激情自然就会减少。试想连仔细欣赏对方的时间都没有，还谈什么甜甜蜜蜜呢？如果能换一个环境，情况就会完全不同了。

每个月都进行一次旅行。即使不能到风景秀丽的景区，也要到郊区或附近的城镇走一走，或者去一家温馨舒适的旅馆度过一晚，总之一定要换一种环境，而且要保证新环境的安静和舒适。

女人注重浪漫，男人追求新鲜，一个充满浪漫气息的新环境恰好可以同时满足男人和女人的愿望，让女人享受浪漫，让男人感受新鲜。即使是已经失去激情的夫妻，也很可能在这样的环境中重燃激情。

当然，男人未必会答应你，但只要他不是强烈反对，你就一定要坚持你的主张，把他带入你精心设计好的计划之中。当他发现这次外出带给他的感觉是如此美妙时，他就会发现他对你仍然是非常感兴趣的，他还是像以前一样爱你，而且你们之间仍然可以是充满激情的。这些美好的回忆将让他对你的看法发生巨大的转变，对你们的婚姻也会重新定位，相信用不了多久，他就会主动约你外出度假了。

20几岁
要懂点心理学

男性与女性在家庭生活中的角色差异

在女人心中，家庭是最重要的，她们愿意为了家庭付出自己的一切。结婚之后，尤其在有了孩子之后，女人会将自己的大部分精力都放在家里，料理家务，照顾孩子，家里所有的事似乎都是女人在打理。为了家庭，她们甚至可以牺牲自己晋升的宝贵机会，有些女人还为家庭放弃了自己多年的梦想，在家里做全职太太。

女人的这种习惯和进化有关。在人类进化的大部分时间里，女人的生活都是以家庭为中心的，她们已经习惯了这种生活方式，而男人显然还没有习惯。作为守巢者，女人的任务就是要打点好家中的一切，不让男人有任何后顾之忧，她们料理家务，照顾孩子，这些事她们一直都在做。

男人对家庭的重视程度却不如女人。在男人心中，家庭是重要的，但却不是最重要的。大多数男人在结婚后仍然会把大部分精力放在自己的事业上，他们渴望成功，渴望名利和地位，即使成了家，也不希望家事来影响自己。他们不愿意将过多的精力放在家事上，更不会为了家庭而放弃自己的理想。人们常说男人对婚姻有恐惧症，其实是他们害怕被婚姻束缚，害怕自己有了家庭之后就不能再做自己想做的事。

男人的这种习惯也是进化过程中养成的。原始时代男人作为狩猎者，他们的任务是外出获取生活资源，他们的重心不在家里，而是在外面。对于家里面的事，男人很少过问，当然也很少去做。所以，男人习惯在外面打拼，而不习惯在家里做家务，事实上他们也不擅长做这些事情。

家庭对男人来说是一种责任，他们希望通过自己事业上的努力让家人生活得更好，以证明他们自身的价值和能力。所以，家庭生活中，女性比较擅长处理家务及亲友关系，而男性则更专注于工作。

为什么婚姻会让男人安定下来

婚姻有一种神奇的作用，那就是让男人安定下来。男人在步入婚姻以后，就像是打了镇定剂，不再像以前一样毛躁，也不再像以前一样冲动，好像变了一个人。很多犯罪分子，在婚后竟然也变得平和了许多。婚姻真的有这么大魔力吗？很多人对此百思不得其解。

男人的这些不理智行为只会出现在没有得到女性伴侣之前，而不会出现在得到女性伴侣之后。男人之所以会出现极端和暴力行为，是因为他们要面对残酷的生存和繁衍竞争，他们所做的一切不过是为了让自己在竞争中取胜。显然，婚姻可以让男人拥有一个属于自己的伴侣，所以，婚姻就成了让男人安定下来的主要原因。在确定婚姻以后，男人接下来该做的就是将资源投到自己的后代身上，让其健康地成长，完成延续自己基因的重任。对于处在这种状况中的男人来说，安稳显然是最重要的。一方面，男人需要保证自己的身体健康，这样才能创造财富，为孩子的健康成长提供足够的资源；另一方面，男人也要保证现有资源的安全。所以，婚后的男人不会去做太过冒险的事，包括不会从事犯罪活动，也不会进行风险太大的投资。男人在婚后会变得畏首畏尾，就是因为他们有了顾虑，不再像婚前一样无所顾忌。

有一种情况例外，就是婚后一直没有子女的男人就不会像有了后代的男人一样渴望安定。尽管得到女性伴侣是男人的目的，但他们的另一重要目的是要繁衍自己的后代，将自己的基因延续下去。如果只是得到女性伴侣而无法遗传基因，那么他们的目的还是没有达到。所以，婚后无子的男性也是很难安定下来的。

有人说孩子是夫妻之间感情的纽带，因为孩子有着父母两个人的基因，可以将父亲和母亲联系在一起。其实，真正的原因是孩子可以将父母二人的基因延续下去，使他们获得遗传上的利益。

所以，更准确地说，婚姻之所以能让男人安定下来，是因为婚姻能给男人带来孩子。当一个男人成为父亲以后，会很快变得成熟稳重起来，也更有责任感。

有人说，结婚后男人之所以安定下来和婚姻让男人丧失创造力有关。男人在结婚以后需要花费一定的时间和精力照顾妻子和孩子，不能像婚前那样将全部精力都用在创造上，因此创造力才会有所下降。这样的说法听起来似乎有些道理，但却是经不起推敲的。在古代社会，男人在婚后是不需要做家务的，照顾孩子也由妻子来做，所以说结婚并不会影响男人的创造力。

为什么男人反感闹情绪的女人

晚上 10 点钟，丈夫拖着疲惫的身躯回到家，刚踏进家门，坐在沙发上的妻子便对他说：

"我有件事想和你谈谈。"

"现在？这么晚？"丈夫放下手中的公文包，一脸疑惑地说。

"就是现在！"妻子啪地关掉电视，提高嗓门强调说。

"发生什么事了吗？"看到妻子好像生气的样子，丈夫有些奇怪地问道。

"最近你总是很晚回家。我知道你工作很忙。你总是忙，忙，忙！谁不忙呢？我也很忙。你忘了结婚时，你都说了些什么了吗？"妻子说完之后，望着丈夫，希望他能说些什么。

丈夫看了妻子一眼。但他没有说话，懒洋洋地坐在了沙发上，然后打开了电视。

"为什么不说话？"妻子追问说。

"对不起。"丈夫似乎漫不经心地说。

"'对不起'三个字就够了吗？我每天和你一样上班，下班后接儿子，做家务，做饭，打扫房子！每天总有忙不完的事情。可是，你说过一句安慰的话吗？"妻子非常激动地说。

"我知道你很辛苦。可是我也很累。你就不能让我好好休息一下吗？"丈夫冷冷地说。

"谁不想好好休息！你以为我喜欢这样的生活吗？这样的日

子，我受够了！我需要你，你却总是像个机器人一样坐在那边。整天说不到几句话。我有那么让你讨厌吗？"妻子哭泣着说。

"你又来了。你就是不让我消停。我最烦你小题大做了。如果你再这样情绪化，我们就不要再讲了。"说完之后，丈夫就走进卧室，留下妻子一个人哭泣。妻子心里想："我怎么嫁给这样一个冷酷无情的人？"

人都是有情绪的，尤其是感情细腻敏感的女人。多少有一些情绪会让女人显得更加可爱，更容易受到男人的青睐，但如果女人太过情绪化，就会让男人烦恼。由于社会角色和生存环境不同，女人的情感要比男人丰富、敏感得多，她们产生情绪的门槛更低，也更容易产生强烈的情绪。男人无法理解女人的情绪化，当女人闹情绪时，他们常常会变得异常焦虑、烦躁，因为他们不知道自己该做些什么。处在情绪化中的女人常常会做出一些过激的事情来，并夸张地用富有情感的形容词来讲述自己的感受。她们这样做的目的是让男人关注自己、倾听自己，而不是真的要怎么样。对于自己这种做法的后果，她们可能根本就没有想过，因为情绪化的女人总是冲动的。当她们处在情绪化的状态时，大脑基本是停止思考的，或者说是停止理性思考的，所以她们常常做出一些莫名其妙的举动来。其实在事后清醒时，她们也会因此而感到后悔，但当时她们真的是无法控制自己的情绪。

女人这个时候只需要被关心和照顾，让她们感受到男人的爱与温暖，她们的情绪就会渐渐平静下来。可惜的是，男人并不懂得女人的真实用意，他们只是在按照自己的思维方式去理解女人的情绪化。他们觉得女人给他们出了一大堆问题，急需他们去解决，所以，他们不时地打断女人，为女人提供建议和帮助。可是男人的话往往让女人更加激动，不但女人的情绪没有任何好转的迹象，反倒还有恶化的趋势。男人很生气，因为女人根本就没有听自己说话，况且事情本没有那么严重，为什么女人那么喜欢小题大做呢？男人的脸色变得很难看，不满地对女人说："事情并没有那么严重，你反应过激了！"可是男人的话似乎对女人一点儿都不奏效，当男人不断向女人提供帮助但却始终不起作用时，男人就会变得焦虑、烦躁。

男人害怕失败犯错误，他们无法忍受自己解决问题的能力受到接二连三的否定。面对一个正在闹情绪的女人，男人就常常要经受这样的打击，这让他们十分苦闷。所以，男人憎恶闹情绪的女人，也不愿意接近情绪化的女人。大多数男人对自己解决问题的能力都是非常自信的，但他们却对付不了正处在情绪化中的女人，这不能不说是对男人自信心的一种打击。

女人应该明白，自己过激的情绪将会给男人造成一种挫败感，让他们的自信受到打击；男人也应该明白，女人的情绪化不过是在倾诉感受，自己完全没有必要为其提供解决方案，只要表示关心就可以了。如果男人对女人多一些体贴和关怀，如果女人对男人多一些理解和尊重，那么女人的情绪化就不会愈演愈烈，而男人也不必再为女人的情绪化而头疼了。

第十五章

教育心理学：为什么某些『傻瓜』倒成了天才

什么样的水，养什么样的鱼

　　当教育孩子出现问题时，为了推卸责任，很多家长将教育的失败归咎于遗传。孩子性格怪癖，脾气暴躁，夫妻双方就会互相责怪，说是遗传了对方的性格，甚至还会牵扯出家里的祖祖辈辈；孩子成绩不好，也是由于遗传，家里就没有好好学习的基因；孩子不孝顺长辈，还是遗传……总之，所有的不好都是遗传导致的。但从古至今的很多例子都立场鲜明地指出了环境对孩子的影响是不能小觑的，孟母三迁就是一个典型的例子。

　　教育家蒙台梭利也指出，孩子一出生就能积极地从周围的环境中学习，爸爸妈妈的关爱让他们获得了信赖，与陌生人的交往中让他们感受到害羞，等等。生活中，人们也越来越认识到环境的重要性，很多家长将孩子送到好的学校学习，也多半是看重了好学校的环境。

　　丛丛的爸爸妈妈因为感情不和经常吵架，但他们从来不提离婚，两个人在这一点上倒还很有默契，都觉得丛丛太小，无法承受大人离婚带来的打击，所以，就算是苦了自己也不能委屈了孩子。虽然爸爸妈妈从来没有当着丛丛的面大吵过，但孩子还是能明显地感受到他们之间浓浓的火药味。一日，丛丛无意听到了爸爸妈妈又在吵架，原来老师打电话反映丛丛最近上课老不听讲，作业也不按时完成，还经常跟同学发生矛盾。爸爸就一个劲地怪妈妈，说都是遗传了妈妈的坏毛病，妈妈则骂是爸爸遗传的，丛丛再也听不下去了，冲着房间大声说道："你们别吵了，既然你们都认为是对方的基因不好，当初为什么要生我啊。你们真是可笑，竟然以为这样就对我有好处，看见你们天天仇人一样生活在一间屋子里，倒不如离婚呢！我宁愿别的同学笑话我没有爸爸或

有利于孩子成长的环境

环境是最好的老师，自己的孩子最终能走多远、登多高，在于他们成长的环境中提供了什么样的条件。具体来说，有利于孩子成长的环境应该具有以下特征：

丰富多彩的学习环境

比如，各种各样的玩具、妙趣横生的课程、高雅有内涵的兴趣爱好活动，等等。

和谐的氛围

小孩子更在意的是父母的爱，所以，和谐、民主、自由的家庭氛围有利于孩子的成长。

者妈妈，也不愿意生活在一个冰冷的家里面。"

很显然，丛丛在学校的异常表现与在家里感受不到爱有很大的关系。不良的家庭环境对父母来说可能只是一时的不顺，但对孩子来说，可能影响他们一生的发展。

在给孩子创造好的环境方面，家长们以为物质上的满足就够了，但其实，孩子更需要的是心灵上的慰藉和关爱。很多家庭贫穷的孩子由于从小得到来自家庭正确的教育和关爱，最终也取得了丰功伟绩，这样的例子数不胜数。

但要明白的是，物质条件的优越与否并不能决定孩子最终发展的水平，它只是一个外部条件，只要付出努力，没有条件享受物质幸福的孩子一样可以取得好的成绩，实现自己的梦想。

什么样的水，养什么样的鱼，孩子的成长也是如此，遗传只能决定鱼是鱼，不是别的生物，而只有水才能决定它们最终会长多大。

"心理肥胖儿"的溺爱综合征

乍一看题目，你可能会第一时间联想到自己身边肥胖的孩子，其实，这里我们要讲的不是生理上的肥胖，而是由溺爱引起的心理上的肥胖。

溺爱，简单地说，就是过多的爱，它的后果同溺水类似，水太多了就会危及人的生命，爱太多了也同样会引起难以想象的后果。

溺爱综合征，是指在孩子成长的过程中给予孩子的爱太多而引起的一系列问题。用心理肥胖来形容孩子的这种状态再贴切不过了。对于孩子来说，家人无微不至的关爱就像是精神营养，输送营养对孩子的成长当然是好事了，可是一旦营养过剩就会出现肥胖，从而导致很多问题。

心理肥胖引起的溺爱综合征主要体现在以下方面：

性格孤僻。也许很多家长对这一点很难理解，一般孩子只有在独自一人时间长了后才会出现性格孤僻的现象，而对于现在的独生子女来说，家里时时刻刻都有人陪着他，有爷爷奶奶陪，还有爸爸妈妈，平时说不定还有几个保姆轮班看着，这样的阵容下出现性格孤僻的确是有些让人难以置信。这种状况下，孩子的孤独来自于缺少和自己年龄相仿的玩伴，他们只有自己玩玩具，搭积木，看电视，这些远远不能满足他们的需要。很显然，无论在生活中他们对小孩有多细心，小孩也同样很难体会到快乐，因为他们缺乏心灵上真正的沟通。由于小孩子的很多观点与大人们不同，表达自己的方式也有差异，与这些没有共同语言的大人在一起时间久了，就容易感到内心孤单。

内心脆弱，经不起挫折。在家长眼中，孩子永远是孩子，所以，只要自己有能力就会尽可能地去保护孩子，不让他们受一丁点的伤害。出于保护孩子的目的而出现的行为，却有可能成为阻碍孩子发展的绊脚石，由于这些孩子从小到大都没有遇到一点挫折，所有的不顺都被家长坚实的身躯挡住了，长大后，一点小小的挫折就可能在他们心里激起巨大波浪。不经历风雨，怎能见彩虹呢？

自私，不尊重人。孩子在家就是霸王，用唯己独尊来形容一点都不为过。这种纵容的氛围很容易滋生孩子的自私心理，而且，在家庭教育中家长的过分敏感也使得孩子根本没有机会去学习尊重别人、体谅别人。一位老师在上课时曾经讲过她对自己教育孩子的反思，她说现在的家长包括她自己，对孩子的一些需要过分敏感，表面上看这是亲子关系和谐的一种反应，实际上它断送了很多孩子成长的机会，比如，孩子在看电视时望了妈妈一眼，还没等孩子开口，妈妈就将水递过去了。这种默契在很多人看来是值得称赞的，但仔细想想就会发现其中存在的问题，小孩子会认为，自己无论有什么需要，妈妈都应该有这样的反应。等到孩子长大后，自然就会变得自私，目中无人。

自理能力差。溺爱孩子会造成孩子的自理能力差，这一点是毋庸置疑的。由于小时候什么事情都是家长包办的，长大后可能连很简单的事情都无法自己完成。由此看来，教育孩子绝不是一件简单的事情，而是一种艺术。

父母的关爱水平影响孩子的智商

　　以前住的楼下是一片很开阔的空地，旁边有一间小房子，是院子里的后勤工人做饭的地方，所以一到吃饭时间就很热闹。自己有事没事时就爱站在窗前看下面的风景，自然的、人文的，最让自己感动的还是其中一家三口的生活场景。父亲是一位维修院子里用水、供暖等设备的员工，母亲是楼道的清洁工，他们有一个刚刚 2 岁的孩子。每天母亲打扫完楼道后就会带着孩子在空地上走，或者让孩子坐在小板凳上讲故事给他听，偶尔也会和孩子玩玩游戏、吹泡泡、打玩具水枪，等等，在整个过程中看得出孩子很听话，也很安静。等父亲下班之后，母亲就去做饭了，孩子就跟父亲一起玩。他最享受的就是爸爸把自己抱起往天上抛的游戏，每次都笑得合不拢嘴。父亲还会跟他玩赛跑的游戏，即使有时候摔倒了，孩子也能很快地自己爬起来接着玩。虽然孩子的家里经济条件并不宽裕，没有精美的玩具，也没有昂贵的衣服，但看得出来他很开心，因为他拥有着世界上最伟大的两种爱：父爱和母爱。

　　一直以来，人们都觉得母爱对孩子的成长是最重要的。这也被科学所证明了。如果一个孩子在生命最初的几年里缺少母爱，他的生理、心理等方面就会受到影响。而如果孩子和母亲之间建立了安全的依恋关系，孩子就会获得成长的动力，自然就会在发展的过程中走得更高、更远、更健康。

正确关爱孩子

要培养出健康的孩子，家长们就要用爱和智慧为孩子煲出一锅有营养的心灵鸡汤。

妈妈把你抱上去好吗？

我自己走。

家长要尊重孩子的权利。他们虽然很小，但是也有自己的想法和主意，有独立的愿望。

它们是在搬家吗？

妈妈你看看，蚂蚁在干什么呢？

放低自己的架子，和孩子平等地交流。如果家长永远是高高在上的，就无法真正走进孩子的心中。

赶紧让她停下，你看看家里画成什么样了？

你管那么多干什么？又不用你收拾！

在教育孩子时，家长之间的统一战线十分重要。切忌一个在批评孩子的时候另一个却护着孩子。

但是，孩子的成长过程中仅仅有母爱是不完整的。都说父爱如山，足见父爱对孩子的影响深远，即使是刚出生的宝宝也对父爱有很强的渴望。他们对父亲说话的声音、一举一动都十分留意，甚至还会模仿父亲的动作。久而久之，父亲的坚强、勇敢、冒险等性格特点都会影响到孩子的行为习惯，从而影响孩子的智商发展。

　　试想一下，如果孩子只有母爱，或者只有父爱，那他们的生活又将如何？对于只有母爱的孩子来说，他们可能生活得很安逸，因为细心的母亲会给他们无微不至的关爱，这种爱足以让他们的身体健康成长。但这样的发展并不是健全的，与同时拥有父爱和母爱的孩子来说，他们更容易被挫折打败，在生活中不愿意冒险，独立意识薄弱，依赖性强。对于只有父爱的孩子来说，父亲的坚韧、负责、勇敢、冒险等男子汉的气质会让他们变得更加坚强和独立，但同时也缺乏母爱所带来的很多优良品质。

　　人的智商高低一部分取决于遗传，一部分取决于环境，而最终决定智商发展水平高低的还是环境因素。作为对孩子影响最早、最大的父亲和母亲，他们的关爱毫无疑问是环境因素中最重要的部分，两种关爱在孩子的健康成长中起着不同的作用，就像是孩子的左右脑，缺少任何一边都会影响其最终的发展。

为什么某些"傻瓜"倒成了天才

"傻瓜"与"天才"常常被认为是两种极端的人。对于傻瓜的界定，有比较统一的观点，即认为傻瓜就是指那些糊涂而不明事理的人；对于天才，则存在较大的分歧。特曼认为，天才指的是在智力测验中成绩突出的人，也就是说，天才就是智力水平高的人。高尔顿则认为，天才是具有杰出实际成就、有高度创造性的人。

每个家长都希望自己的孩子成为天才，如果自己有一个被别人叫作傻瓜的孩子，多少也会表现得有些无奈。但事实上，有时候天才和傻瓜只有一步之遥。

天才和傻瓜都有着超乎常人的能力，他们的很多想法和行为都不被常人理解。天才和傻瓜之间的不同之处在于，天才会认真地思考事情的能动性、可能性以及结果，更重要的是会付诸行动，而傻瓜只会任凭自己在想象的空间里驰骋，而不会做出任何努力。生活中，人们常常只看见了天才所取得的惊人成就，并不了解天才与傻瓜的相似性，所以，即使是天才，在他们没有成功之前都会被认为是傻瓜。这也是为什么有的傻瓜倒成了天才的一个原因。

当然，并不是所有的傻瓜都能变成天才，因为天才身上有着独特的特点。2010年，美国一家公司对世界上的1000个天才进行了总结，被调查的人包括科学、技术、文学、艺术等很多领域的顶级天才，最后发现，天才基本上都具有下面几个特征：

孤独感强。由于天才的思维常常不被常人理解，他们很少与普通人有思想和情感上的共鸣，感到孤独也是情理之中的事情了。中国有句古话"苦心孤诣"，对于天才来说，他们就更容易因为"孤诣"而感到孤独了。所谓"高处不胜寒"，越有成就的人就越可能形单影只。

童年孤僻。天才所具有的超能力几乎都是与生俱来的，这让他们在童年时期表现得比普通孩子要好得多，超群的能力和表现让这些孩子要么自视清高、看不起别人，要么被人孤立、排挤，久而久之，就形成了怪癖的性格。

内心偏执。天才们除了超群的能力，还有超常的自信。一方面，自信让他们能在别人异常的眼光和态度中坚持自己的思想，最终取得成功；另一方面，过度的自信也让他们内心十分偏执。

虽然，天才多为遗传，但如果没有自由、宽松的生长环境，天才也会沦为傻瓜。很多家长在孩子小时对孩子过分压制，认为只有孩子循规蹈矩才是正途，对孩子的一些奇思妙想置之不理，甚至极力压制，最终，不仅扼杀了孩子的创意，还可能由此引起种种心理问题。

为什么要表扬孩子的努力而非能力

20世纪90年代，哥伦比亚大学的研究者曾经进行过一项大规模的研究，实验选取了400多名不同经济背景的孩子。首先让孩子们做一个智力测试，然后将孩子分成不同的组进行有差别的反馈。他们表扬第一组的孩子非常聪明，在测试中表现很好；表扬第二组的孩子在自己的努力下取得了很好的成绩，而对另外一组的孩子则保持沉默。

在实验的第二阶段中，研究者给被试者两种可供选择的任务，一项任务难度很大，几乎不太可能成功完成，但在任务进行的过程中可以学到很多东西；另一项任务难度较小，很容易取得成功。

按照常理，表扬能提高孩子的自信心，能为他们注入前进的动力。所以，研究者预期在任务的选择上，前两组受到表扬的孩子比没有受到表扬的第三组孩子会更多地选择难度大的任务。然而，实验结果大大超出了研究者的意料。第一组的很多孩子选择了难度较小的任务，第三组的较少的孩子选择了容易的任务，第二组的孩子选择高难度任务的人数最多。

实验结果证明，受表扬的第二组与没有受到表扬的第三组在选择上的差异与人们的推断一致，表扬提高了孩子的信心，更愿意去挑战难度高的任务。但是，同样是受到了表扬，第一组的孩子却比第三组的孩子更不愿意去接受挑战，这就有点匪夷所

表扬孩子能力的坏处

表扬孩子的能力，说他们聪明，这种表扬虽然能在短时间内提高孩子的信心，但也增加了他们对失败的恐惧。

受到表扬的孩子会觉得即使自己不努力、不拼搏，也能照样取得好的成绩。

没有受到表扬的孩子会认为自己不够聪明了，不成功也是注定的，努力对自己来说一点用处都没有。

当遭遇挫折之后

为了避免被别人说自己不聪明，他们会选择那些难度低的任务。

而没有受到过表扬的孩子则会抱着"破罐子破摔"的心理，反正自己不聪明，失败也是很正常的。

由此可见，被表扬聪明的孩子与不被表扬的孩子，都会出现不努力或者不愿意挑战自己的倾向。因此，在夸奖孩子时，要尽量夸奖得具体些，比如"你很努力、你练习得很刻苦"等，而不是以一句"你真聪明"而一言以蔽之。

思了。

其实，正是出人意料的结果揭示出了教育孩子时一个很重要的道理：要表扬孩子的努力而非孩子的能力。让我们先来看看两种不同的表扬方式对孩子心理产生的影响：

表扬孩子的努力，这种方式将孩子取得的成绩与他们可以控制的因素结合在一起，更容易调动孩子的信心和动力。不管孩子行为的结果是好还是坏，对其努力的表扬都会鼓励他们继续发奋。不过，这种方式的表扬带来的结果也不全是积极的。

群群是一名初中生，学习成绩很好，爸爸妈妈都引以为傲。但是，群群却很自卑，总觉得自己比别人笨，下课也不愿意和别的同学一起玩，学校的各种活动也不参与。在一次作文比赛中，群群将自己多年来压抑的情感表达了出来。群群的作文题目为《假如我是一个聪明的人》，在作文中她写道："从小到大，虽然我的成绩一直很优异，但又能说明什么呢？我终究还是一个笨蛋，就连老师都这么说。他总是告诉别的孩子他们很聪明，只要稍微努力一下就能取得好的成绩。但是，老师从来都不会说我聪明，就算我每次都考年级第一，老师还是会在班上说：'大家要向群群学习，相信如果你们有她一半的努力就能考出好的成绩了。'难道像我这样的人真的就只能靠勤奋才有好的成绩吗？我多羡慕那些可以天天不用用功的孩子啊，虽然他们的成绩没有我的好，但他们过得很开心，他们可以去打球、唱歌、跳舞、参加比赛，他们有时间去交朋友，他们可以做自己想做的事情，而我却只能

20几岁
要懂点心理学

坐在教室里和那些数学题做伴。可是我知道，笨蛋是不可以这样的，如果不付出比别人多的努力，就永远不会有成功……假如我也是一个聪明的人那该多好啊！"

群群并不是不聪明，只是老师希望大家向她学习，所以才会那样表扬她，但是，对努力而不是能力的表扬却让群群产生了严重的自卑心理。

图书在版编目 (CIP) 数据

  20 几岁，要懂点心理学 / 连山编著 . — 北京 : 中
国华侨出版社 , 2017.12（2019.1 重印）
  ISBN 978-7-5113-7182-9

  Ⅰ . ① 2… Ⅱ . ①连… Ⅲ . ①心理学－青年读物
Ⅳ . ① B84-49

  中国版本图书馆 CIP 数据核字（2017）第 270929 号

20 几岁，要懂点心理学

编　　著：连　山
出 版 人：刘凤珍
责任编辑：高福庆
封面设计：李艾红
文字编辑：焦金云
美术编辑：李丹丹
插图绘制：圣德文化
经　　销：新华书店
开　　本：880mm×1230mm　1/32　印张：8　字数：240 千字
印　　刷：三河市新新艺印刷有限公司
版　　次：2018 年 1 月第 1 版　　2021 年 4 月第 6 次印刷
书　　号：ISBN 978-7-5113-7182-9
定　　价：36.00 元

中国华侨出版社　北京市朝阳区西坝河东里 77 号楼底商 5 号　邮编：100028
法律顾问：陈鹰律师事务所
发 行 部：（010）58815874　　　传　　真：（010）58815857
网　　址：www.oveaschin.com　　E - m a i l：oveaschin@sina.com

如果发现印装质量问题，影响阅读，请与印刷厂联系调换。